電腦 網路原理

含ITS Networking
網路管理與應用
國際認證模擬試題

第六版

修訂版序

感謝讀者及諸位教育先進們的支持與採用，此次修訂改版針對 ITS Networking 網路管理與應用國際認證證照的相關內容及新考題做了調整，方便同學學完課程後，除累積升學考試的網路知識實力外，也可以順利的取得網路國際證照。

考證照的好處是在較短的時間內，對這個領域的重要背景知識、概念、技術，有一個較完整的認識與學習。對於學習的目標、過程及未來展望，也會有比較清楚的輪廓。

網路時代，全球無國界，考一張已翻譯成多種語言、通行 100 多個國家的國際級證照，為自己加分，更可以為未來取得更多競爭優勢，準備網路管理應用管理師核心能力證照，是一個好的開始。

改版過程中，蒙諸位教育先進的指教及碁峰資訊夥伴們的協助，獲益匪淺，不勝感激，在此一併致謝！

范文雄、吳進北
2022-07-02

目錄

CHAPTER 01 電腦網路概論

1-1 電腦網路起源、演進簡介 1-2

1-2 電腦網路重要性 1-3

1-3 電腦網路現況 1-6

自我評量 1-9

CHAPTER 02 網路的構成 (一)

2-1 網路架構 2-2

2-2 網路設備 2-7

自我評量 2-14

CHAPTER 03 網路的構成 (二)

3-1 通訊媒介 3-2

3-2 資料傳送方式 3-8

3-3 電腦網路的基礎知識 3-12

自我評量 3-18

CHAPTER 04 網路的通訊協定

4-1 通訊協定 4-2

4-2 OSI 的七層網路架構 4-4

4-3 TCP/IP 通訊協定 4-9

4-4 IPv6 4-17

自我評量 4-23

CHAPTER **05** 網路的種類

5-1 區域網路 5-2

5-2 廣域網路 5-3

5-3 網際網路 5-5

5-4 Intranet 與 Extranet 5-6

5-5 網際網路連線方式 5-7

自我評量 5-14

CHAPTER **06** 網路服務

6-1 動態主機組態協定 (DHCP) 6-2

6-2 網際網路名稱服務 (WINS) 6-3

6-3 網域名稱系統 (DNS) 6-3

6-4 補充 6-5

自我評量 6-7

CHAPTER **07** 命令方式操作

7-1 Ipconfig 7-2

7-2 Ping 7-3

7-3 Tracert 7-5

7-4 Netstat 7-6

7-5 Nslookup 7-7

7-6 Pathping 7-10

自我評量 7-12

CHAPTER **08** 網路的安全與管理

8-1 網路的安全問題 8-2

8-2 網路的安全措施與管理 8-9

8-3 惡意軟體 8-13

8-4 補充 8-17

自我評量 8-18

CHAPTER **09** 全球資訊網

9-1　WWW 簡介 9-2

9-2　WWW 伺服器 9-2

9-3　瀏覽器 9-5

9-4　WWW 資源 9-8

9-5　入口網站與網路資源搜尋 9-9

自我評量 9-11

CHAPTER **10** 電子郵件

10-1　電子郵件簡介 10-2

10-2　電子郵件收發軟體介紹 10-3

10-3　電子郵件其他相關知識 10-5

自我評量 10-6

APPENDIX **A** 網路重要名詞整理

1

電腦網路概論

學習重點

- 1-1 電腦網路起源、演進簡介
- 1-2 電腦網路重要性
- 1-3 電腦網路現況

1-1 電腦網路起源、演進簡介

網路 (Network) 究竟是什麼東西呢？乍看心中會產生好幾個問號，其實我們生活上早已經使用到一些非電腦的網路，例如每天上班上學的交通網路，與同學或朋友聊天的電話網路，另外人與人之間的人際關係也是一種無形的網路概念，電腦網路就是利用這些概念演變而成。

電腦網路的概念是由交通網路概念加上電話系統的架構，組成目前可以連接全世界的電腦網路架構。

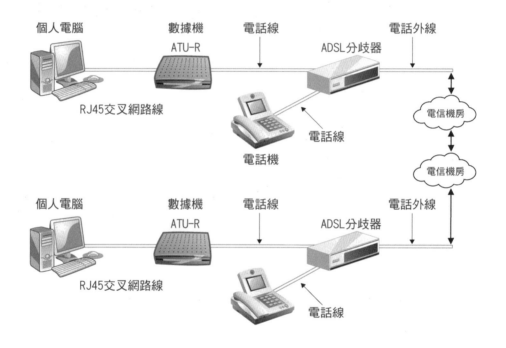

⬆ 電腦網路架構圖

電腦網路，就是應用現有的網路傳輸介質 (同軸電纜、雙絞線、光纖等)，將不同等級或不同的電腦系統及周邊連接起來，再配以適當的軟體和硬體，建立電腦與電腦間的通訊管道，可以在電腦之間交換資訊，以及共享諸如印表機、大容量硬碟之儲存的設備，這種電腦通訊方式就是電腦網路，目的是作為資源共享及訊息之傳遞。

大部分的人因瀏覽器而認識網際網路，但是網路的功用可不是僅有全球資訊網而已。諸如電子郵件 (E-mail)、檔案傳輸 (FTP)、電子佈告欄 (BBS)、遠端登入 (Telnet、SSH)、Gopher 等應用，不僅影響政府、企業界、以及你我工作的方式，也使我們的生活有不少的改變。

1-2 電腦網路重要性

拿一部獨立電腦與很多部電腦所組成的電腦網路來做比較，就可以發掘出現在的電腦網路所提供的好處，重要的有：

1. **資源分享**

   是指能協助完成工作的設備、程式或資料，它可分為兩大部分：一個是電腦的硬體，另一個是電腦的軟體。

   例如電腦教室透過網路只要放一部列表機，所有同學就可以透過這台網路列表機進行硬體的分享來列印文件，這就是硬體的分享。而老師於教學時，可透過主機把上課的講義放在網路主機中，提供同學下載，這就是軟體的分享。

2. **訊息公開**

   在國際上，網路是評估國家自由程度的重要指標。有了網路，政府各種招標的過程公告於網路上，訊息得以公開化，各種政治、財經等等訊息不會被獨佔或是壟斷。

3. **資料快速傳遞**

   電腦網路的興起，將我們以前的一些傳統的寄信方式徹底改變，透過傳統的寄信方式，等對方收到你寄的信件可能是已經好幾天的事了。透過電腦網路的傳送，只要手指輕輕一點即可完成，對方幾乎可以在零時差的狀況下接收到您所寄的信件，其他你希望能快速傳送的資料，也可以迅速又確實的接收或傳送到對方手上。

1-2-1 網路對個人的重要性

90 年代後，電腦網路的服務觸及至個人，對個人影響可分成五點來說明：

1. **人與人間的通訊**

   即時通、電子郵件、視訊會議及遠距教學目前幾乎已取代傳統郵件，可以讓你方便而且更快速的面對面溝通及學習。

2. **個人言論發表**

   網路上傳送訊息的速度非常驚人，可以在法律的許可之下，發表你個人的言論及文章著作，表達自己的觀感及理念。

3. **互動式教學**

   電腦教學不是只有單一的內容，可以活潑化及生活化的學習，目前已有相當多的廠商投入這個市場，開發出許多網路互動式教學軟體，提供你更多元的學習。

4. **電腦娛樂**

   有了電腦網路，目前許多廠商分別推出不同的線上遊戲軟體，電腦遊戲畫面已不再像以前那麼生硬冰冷、充滿隔閡感，互動式 3D 立體的電腦遊戲，提供個人前所未有的休閒娛樂。

5. **遠端資源**

   舉凡生活資訊、新聞、電子書、電子期刊、文學、法律、政治、氣象、醫療保健等等，都可以透過電腦網路取得，以滿足你、提供你生活上的方便性及品質。

6. **道德生活**

   網路盛行之後，改變了原有人類的生活方式，提供了便利性、方便性及即時性，但日漸出現的網路道德或是法律問題日漸增多，如何預防網路犯罪也是目前重要課題。

1-2-2 網路對企業的重要性

電腦科技的時代,許多公司內部都有不只一台電腦,各有功用,在連上網路後,我們可以預見它的好處,例如:

1. **資源分享**

   由於硬體及軟體資源的分享,不但可以降低設備成本,並且可以降低設備維修及人力物力的投入。

2. **訊息傳送**

   以往企業公佈任何事物時,需透過媒體或紙張作業公佈於公佈欄來完成,而且無法保證每一個人都可以看到,現在藉由電子郵件或是網路的其他管道,能確保每一個人都可以接收到公佈的訊息。

3. **溝通聯繫**

   一個團體或是企業,溝通協調是最重要的課題。要完成、執行一個計畫是必須參與計畫的人經過多次的討論及決議並執行才可完成,現在只要透過視訊會議,就像是面對面開會一樣,溝通與協調都十分方便。

4. **管理方便**

   公司企業的網路結構,可以讓管理階層取得公司的相關資訊,提供經營者的決策判斷及需求。

5. **資料可靠度增加**

   透過網路,可以快速將重要訊息或資料傳送至其他地方作為備份及儲存,以確保資料之安全性。另經由網路將各部門的資料整合,直接以網路規定的格式傳送,以減少資料傳送的錯誤而造成企業損失。

6. **企業延伸**

   有了電腦網路的連線,員工可以在家中直接操作公司電腦來完成工作,再利用網路將結果傳回公司。將家裡變成公司的一部份,達到企業延伸的實質目的。

1-3　電腦網路現況

網路的發展，讓全世界距離拉近，網路的建設、教育的發展也是重要且艱辛的工程，有鑒於網路的快速發展，台灣於 1994 年 8 月由行政院正式成立國家資訊通信基礎建設推動小組 (National Information Infrastructure，簡稱 NII)，後又稱為國家資訊基礎建設或資訊高速公路計畫，期中有十項重點工作：

1. 網路建設
2. 教育訓練
3. 電子化與網路化政府
4. 電子商務
5. 社會福利
6. 終身學習
7. 中華文物上網
8. 法規研修及民間諮詢
9. 人文社會衝擊
10. 國際化中文網路

另外目前國家高速網路與計算中心 (NCHC)，正因具備創新研發領導者的優勢，國研院國網中心承接「挑戰 2008 六年國發計畫」，引領建置台灣高品質學術研究網路 (TaiWan Advanced Research and Education Network，TWAREN)，並推動台灣知識格網 (Knowledge Innovation National Grid，KING)，塑造台灣成為亞太地區知識匯流的核心據點。同時，以國家網路的成功經驗結盟全球合作伙伴，延伸經營理念共同創造一個資源共享的新世界。兩大目標：一為整合能量接軌國際，二為加值各領域創新與應用。

1. 整合能量接軌國際包含三個子計畫：
   - 高效能計算，提升研發效率。
   - 高頻寬網路，整合分散資源。
   - 高備援儲存，確保資料安全。

2. 加值各領域創新與應用包含五個子計畫：
   - 高速計算模擬服務。
   - 科學試算服務。
   - 平台開發整合服務。
   - 專案應用服務。
   - 教育訓練服務。

以上是台灣於網路上建設方針，目前網路上較熱門的網路遊戲與電子商務，網路提供娛樂、網路購物、網路下單及網路資源共享等，其中又以電子商務 (Electronic Commerce，簡稱 EC) 最為熱門，網際網路吸引成千上萬的網路人潮，網路中有什麼好玩、有什麼寶藏，能夠讓那麼多人愛不釋手，原因在於網路提供的多樣化服務內容，其包含內容如下：

1. 全球資訊網 (WWW)
2. 小地鼠資訊系統 (Gopher)
3. 檔案傳輸 (FTP)
4. 遠端登錄 (Telnet、SSH)
5. 電子佈告欄 (BBS)
6. 電子郵件 (E-mail)
7. 網路論壇 (Net News)
8. 檔案搜尋服務 (Archie)
9. 線上聊天 (IRC)
10. 網路遊戲 (MUD)
11. 線上即時交談 ICQ

知道這些服務內容，那麼如何連接至網路呢？如果沒有網際網路的入口，就無法使用這些網路資源。目前台灣網路系統大致分為四大類網際網路的網站入口，有 HiNet、TANnet、SEEDNet、有線電視系統及手機業者等之民營的網際網路服務供應商 (Internet Service Provider；簡稱 ISP)。

1. **HiNet**

   HiNet 為中華電信的一個營運項目，是目前台灣地區最大的網路服務供應商。

2. **TANnet**

   全名為 Taiwan Academic Network 為台灣學術網路的縮寫，是由教育部及各主要之國立大學共同建立的一個教學及研究之電腦網路，主要目的是各學校可以透過此入口連接至網際網路。

3. **民營的 ISP**

   目前入口網站除了 TANet 不提供一般民眾申請之外，HiNet 為主要的申請廠商，提供申請用戶帳號及固接或撥接服務。但近年來網際網路的熱潮下，許多的 ISP 供應商如有線電視業者提供之電纜網路服務，以及手機業者提供之行動網卡服務，這些民營企業如雨後春筍般地興起。

網際網路的興起，只要善加利用網路，不要用於仿礙他人或觸犯法律，相信一定可以提昇人類的生活品質，建立一個美好的地球村。

 補充

1. **B2B (Business to Business)**：企業對企業間的商業模式，如阿里巴巴就是一個 B2B 的平台。

2. **B2C (Business to Consumer)**：企業對消費者的商業模式，如 PChome 線上購物就是 B2C 的平台。

3. **C2C (Consumer to Consumer)**：消費者對消費者的商業模式，露天拍賣、淘寶網都算是 C2C 的平台。

4. **O2O (Online to Offline)**：「線上與線下的整合」，在線上用網站或 APP 消費，之後在線下得到產品或服務，如 Uber、Airbnb 等。

( ) 01. 金融業間之電子資金移轉作業是屬於電子商務的何種範疇？
(A) B2B　(B) C2B　(C) B2C　(D) C2D　　　　　　[92 二技]

( ) 02. 大部分的組織及個人都必須經由 ISP 的伺服器，才能和網際網路相連，下列何者為台灣學術網路媒介？
(A) Intel　(B) TANet　(C) HiNet　(D) SEEDNet　　[93 統測]

( ) 03. 下列何種網際網路服務可以提供線上傳遞訊息及線上即時交談的功能？
(A) E-mail　(B) ICQ　(C) WWW　(D) FTP　　　　[93 統測]

( ) 04. 下列哪一個網際網路 (Internet) 上的服務，其主要目的是讓使用者搜尋檔案所在的位置，以方便下載？
(A) IRC　(B) Archie　(C) News　(D) Telnet　　　[93 統測]

( ) 05. 下列有關部落格 (BLOG) 的敘述，何者錯誤？
(A) 容許網友在裡頭寫文章、貼照片、儲存個人相關訊息
(B) 在網路上提供個人網頁空間
(C) 是由 Weblog 演化而來
(D) 目前成為會員都必須付費　　　　　　　　　[94 二技]

( ) 06. 電子商務發展快速，改變了許多傳統的商業模式。下列何者是消費者對消費者 (C to C) 的電子商務類型？
(A) 博客來網路書店　　　(B) 汽車廠商直營網站
(C) 統一超商的 EOS 系統　(D) Yahoo 拍賣網站　　[94 統測]

( ) 07. 下列何者是電腦科技在「居家安全」方面的應用？
(A) 門禁管制　　　　　　(B) 理財報稅
(C) 資訊家電　　　　　　(D) 網路購物　　　　[94 統測]

( ) 08. 合購網站與湊票網站是屬於下列哪一種電子商務類型？
(A) B2C　(B) C2C　(C) C2B　(D) B2B　　　　　[94 二技]

( ) 09. 下列哪一種軟體，可以讓使用者在網路上即時互相呼叫、傳遞訊息及進行聊天？
(A) Telnet　(B) FTP　(C) Outlook　(D) ICQ　　　[95 統測]

( ) 10. 一家 IC 製造公司利用網路與其供應商之間進行電子資料交換與電子採購處理，這是屬於下列哪一種型態的電子商務？
(A) B2C　(B) C2C　(C) B2B　(D) B2G　　　　　[96 統測]

( )　11. 下列何者為企業與企業間自動化交易的電子商務類型？
　　　　(A) C2C　(B) C2B　(C) B2B　(D) B2C　　　　　　　　　[96 統測]

( )　12. 下列哪一套軟體不是專門用來進行即時通訊的軟體？
　　　　(A) MSN Messenger　　　　(B) Outlook Express
　　　　(C) Skype　　　　　　　　(D) ICQ　　　　　　　　　[96 統測]

( )　13. 下列何者不是網際網路的服務項目？
　　　　(A) FTP　(B) OLAP　(C) IRC　(D) TELNET　　　　　　　[96 統測]

( )　14. 將個人物品透過特定網站，如 Yahoo!奇摩拍賣、eBay 等進行拍賣，
　　　　以提供其他網友競標購買。此種運用網際網路進行交易的電子商務類
　　　　型是：
　　　　(A) C2B　(B) B2B　(C) B2C　(D) C2C　　　　　　　　　[96 統測]

( )　15. 下列哪一項電腦應用的主要目的是利用電腦網路來進行跨行轉帳的工
　　　　作？
　　　　(A) 電子商務　　　　　　　(B) 網路銀行
　　　　(C) 資料處理　　　　　　　(D) 視訊會議　　　　　　　[96 二技]

( )　16. 使用者備有數據機，配有撥接帳號，就可透過家裡之電話線路撥接上
　　　　ISP，連上 Internet，下列何者屬學術界使用之免費 ISP？
　　　　(A) SEEDnet　(B) Hinet　(C) TANet　(D) UUNet　　　　[丙檢]

( )　17. 下列何者為 TANet 之中文意義？
　　　　(A) 電子郵件　　　　　　　(B) 網際網路
　　　　(C) 台灣學術網路　　　　　(D) 全球資訊網　　　　　　[丙檢]

( )　18. 目前在國內最大的「學術性網際網路」服務機構為下列何者？
　　　　(A) SeedNet　　　　　　　(B) TANet
　　　　(C) BitNet　　　　　　　　(D) HiNet　　　　　　　　　[丙檢]

( )　19. 下列英文名稱所對照之中文意義，何者有誤？
　　　　(A) FTP 檔案搜尋系統　　　(B) TANet 台灣學術網路
　　　　(C) IRC 多人線上聊天系統　(D) Telnet 遠端登入　　　　[丙檢]

( )　20. 什麼是 3G？
　　　　(A) 需透過數據機上網　　　(B) 撥接上網方式
　　　　(C) 專線固接　　　　　　　(D) 可使手機行動接收影音的技術

( ) 21. 學校中所使用的網路為
    (A) Hinet　　　　　　　　(B) SeedNet
    (C) 台灣學術網路　　　　　(D) SiNet

( ) 22. 目前台灣三大網路中，以學校及學術研究單位為主所使用的網路為？
    (A) HiNet　　　　　　　　(B) TANet
    (C) SiNet　　　　　　　　(D) SeedNet

( ) 23. 下列何者不是 ISP (Internet Service Provider) 所提供的服務？
    (A) 提供個人網頁　　　　　(B) 提供個人電子郵件
    (C) 撥接上網　　　　　　　(D) 提供作業系統安裝

( ) 24. 使用者備有數據機，配有撥接帳號，就可透過家裡之電話線路撥接上 ISP，連上 Internet，下列何者屬學術界使用之免費 ISP？
    (A) SEEDnet　　　　　　　(B) HiNet
    (C) TANet　　　　　　　　(D) So-Net

( ) 25. 小明成天流連於網路咖啡店中與網友玩戰略遊戲，請問小明是使用哪種網路資源？
    (A) MUD　　　　　　　　　(B) WWW
    (C) Archie　　　　　　　　(D) E-mail

( ) 26. 欲從網路下載軟體，若已知檔案名稱為 xyz.zip，請問使用何種方式可最快找到這個檔案身在何處？
    (A) MSN　　　　　　　　　(B) Archie
    (C) MUD　　　　　　　　　(D) FTP

( ) 27. 下列的專有名詞中英對照，何者有誤？
    (A) 「電子佈告欄」BBS
    (B) 「電子郵件」E-mail
    (C) 「檔案傳輸協定」FTP
    (D) 「區域網路」WAN

( ) 28. 下列何者不是網際網路 (Internet) 所提供的服務？
    (A) POS　　(B) FTP　　(C) WWW　　(D) Netnews

( ) 29. Yahoo 網路拍賣會就是典型的？
    (A) B2C　　(B) B2B　　(C) C2C　　(D) C2B

( ) 30. B2C 的 B 是指？
(A) Batch　(B) BBS　(C) Belief　(D) Business

( ) 31. C2B 的 C 是指
(A) Communication　　　(B) Calculator
(C) Consumer　　　　　(D) Computer

( ) 32. 由一群電腦透過某些傳輸路徑所連接而成的一個系統稱之為？
(A) 電腦系統　　　　　(B) 電腦網路
(C) 網路資源　　　　　(D) 通訊系統

( ) 33. 為使用者提供檔案的服務並管理共享資源，如硬碟、印表機等稱之為？
(A) 工作站　　　　　　(B) 網路卡
(C) 連接器　　　　　　(D) 檔案伺服器

( ) 34. 透過電話線路，經過交換機層層的轉接來進行訊息傳遞的線路稱為？
(A) 電話線路　　　　　(B) 實體線路
(C) 電纜線路　　　　　(D) 虛擬線路

( ) 35. 有關電腦網路的優點，下列何者為非？
(A) 資源共享　　　　　(B) 分散處理
(C) 節約資源　　　　　(D) 缺乏彈性

( ) 36. 國家基礎建設的英文簡稱為？
(A) INTERNET　(B) NII　(C) ISDN　(D) ISBN

( ) 37. 網路中 MUD 為？
(A) 網路遊戲　　　　　(B) 網路論壇
(C) 線上聊天　　　　　(D) 網路 CALL IN

( ) 38. 國家高速網路與計算中心簡稱為？
(A) NCC　(B) ISDN　(C) NCHC　(D) NII

( ) 39. 為了提供民眾查詢即時的公車資訊，最需要結合下列哪一項技術？
(A) GPS　(B) CAI　(C) ABS　(D) VR　　　　　　　[99 統測]

( ) 40. 電子商務係指透過網路進行的商業活動，包括商品交易、資訊提供、
市場情報、客戶服務等，依對象分類可分企業和消費者二大類群，其
中「企業對消費者」為何？
(A) B2C　(B) C2C　(C) B2B　(D) C2B　　　　　　[101 統測]

( ) 41. 有關電腦應用在生活及學習的敘述，下列何者正確？
(A) GPS 由於保密性高，因此廣泛應用在門禁管制
(B) 藍牙是結合衛星及無線技術之導航系統
(C) GIS 是一套搜尋及分析地理區位特性的資訊系統
(D) CAI 是一種透過視覺及觸覺模擬真實環境的系統。　　　　[95 統測]

2

網路的構成（一）

學習重點

- 2-1 網路架構
- 2-2 網路設備

2-1 網路架構

隨著網路世界的快速發展，從簡單的兩台電腦互相連接，到現在的全世界的電腦相互連接，電腦與電腦間連線的網路架構方式，稱之為「拓蹼」(Topology)。常見的網路拓蹼連接方式有五種，說明如下：

2-1-1 星狀拓撲 (Star Topology)

又稱「放射狀網路」，所有網路上的電腦或裝置連結至中心的一個集線裝置或中央控制設備管理，連接線之材料為雙絞線。因此所有的電腦與裝置和中心的集線裝置均存在有一條連線，如圖：

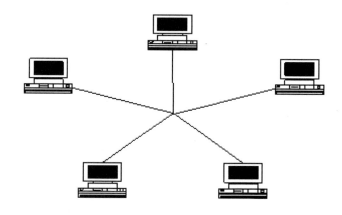

⬆ 星狀拓蹼

優點

1. 易於架設，管理及維護方便。

2. 可以增加任意一台電腦連接至集線裝置而不會影響到整個網路運作。

3. 傳輸任何信號訊息時都需透過主電腦，資源管理較佳。

缺點

中央控制故障時，整個網路就癱瘓。

應用

10Base T 乙太網路架構。

2-1-2 匯流排拓撲 (Bus Topology)

將所有的電腦或網路裝置，連結至一條中心的網路線路，被連接的中心網路線路通常被稱為匯流排 (Bus) 或是主幹線 (Backbone)。也就是說，一條主要傳輸線串連所有設備，而且電腦送出的資料會往兩端傳送至每一部電腦，具有廣播能力，連接線材料為同軸電纜。如圖：

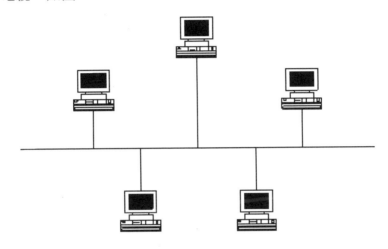

⬆ 匯流排拓撲

優點

某一台電腦故障並不會影響其他電腦的運作。

缺點

若主要傳輸線路發生問題，連接在這段傳輸線上的電腦都不能運作，整個網路就癱瘓。

應用

10Base 2、10Base 5 乙太網路架構。

2-1-3 環狀拓撲 (Ring Topology)

將網路上的所有電腦和裝置兩兩串聯，每個裝置與電腦都與其他左右兩邊的兩個裝置或電腦直接連結，最後所形成的網路是一個封閉迴，單向傳輸，無主控主機，連接線之材料為同軸電纜、雙絞線或光纖。如圖：

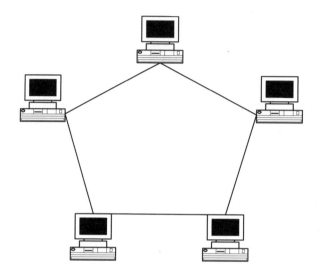

⬆ 環狀拓撲

優點

某一台電腦或線路故障，可以循另一方向傳輸或通訊。

缺點

1. 通訊線路若毀損時，會使整個網路或部分網路癱瘓。

2. 成本較高，使用率不高。

應用

Token Ring (權杖式) 網路及 FDDI (光纖分散式數據介面) 網路。

2-1-4 樹狀拓撲 (Tree Topology)

樹狀拓撲是一種混合式的網路拓撲,主要是由星狀網路結構與匯流排網路架構的結合。電腦與電腦間的連線如同樹枝狀,其佈線方式是採階層式,其中任兩部電腦間只有一條傳輸線連接,當資料進入任一個節點後,會向所有的分支傳傳遞訊息,連接線之材料為雙絞線。如圖:

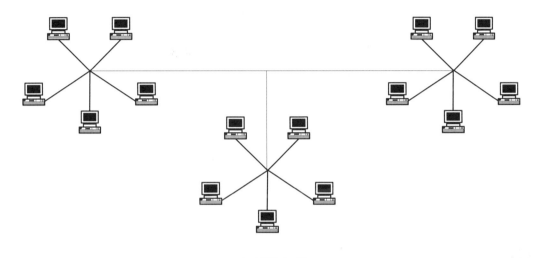

⬆ 樹狀拓撲

優點

1. 層層管制,資源可獲較佳管理。

2. 加入新設備時,不會造成網路混亂。

缺點

階層分際明顯,上層線路故障會導致下層癱瘓。

應用

採用集線器的區域網路。

2-1-5 網狀拓撲 (Mesh Topology)

又稱為「混合式網路拓撲」，所有的電腦或裝置彼此間都會存在一條以上連線，將這些網路節點連接起來，它是網路架構中最安全的一種，如果某段連線故障，仍可繞經他處進行連線，連接線之材料為一般為雙絞線、同軸電纜、光纖。如圖：

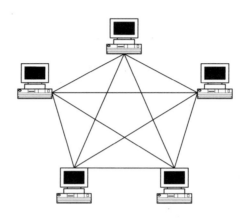

⬆ 網路拓撲

優點

1. 某段線路故障，仍可繞經他處進行連線。

2. 適用於資料流量大或傳送作業不可中斷的環境。

3. 傳輸效率高，速度快。

缺點

1. 成本高。

2. 線路複雜。

應用

網際網路。

2-2 網路設備

網路除了上一節所說的網路拓蹼架構的基本知識外，要讓網路可以通訊連接，還包括很多複雜的因素，其中就是電腦軟體及電腦硬體之間的配合。

2-2-1 電腦軟體

當我們要連接網路時，必須要有兩種軟體來幫忙連上網路，一為可以連接網路的作業系統，二為網路的應用軟體。

🎯 網路作業系統 (Network Operation System，NOS)

當您在連線網路的過程中，使用什麼樣的網路作業系統會是一個非常關鍵的考量，直接影響到您連到其它網路的能力、點對點間如何傳輸訊息溝通、您可以使用哪些應用程式，以及可攜性等等因素。網路作業系統又分成兩大類型的作業系統，說明如下：

1. **Client / Server 作業系統**

   如果要集中控制和管理您的網路和資源的話，就應該找 Client/Server 的網路作業系統了。這些作業系統包含 LAN Manager、LAN Server、Windows Server、NetWare 和 BanyanVINES 等，當然還有現在非常熱門的 UNIX、Linux 等 C/S 作業系統。

2. **Peer / Peer 系統**

   P/P 網絡在成本和管理難度上面都要比 C/S 網絡要低，所以在一些較小型的公司網絡裡面，Peer/Peer 還是有其受歡迎之處的。讓我們一起看看幾個主要的 P/P 網絡操作系統，這些作業系統一般都是屬於比較早期的區域網路作業系統，其中包含 LANtastic、MS Windows、Apple Talk 等。

我們已經簡單地認識了一些主要的網路作業系統，你或許會覺得有些眼花撩亂，不知如何選擇一套適合自己環境的系統。下面列舉出一些選擇網路系統時的因素，以供參考：

1. 網路體積
2. 指定的網路管理員
3. 集中式網路控制
4. 員工培訓
5. 成本
6. 網路軟體的兼容性

我們可以從下面類別中看看不同的網路作業系統的比較：

類項/系統	Client / Server				Peer / Peer			
	OS/2	NetWare	Linux	Windows NT	Personal NetWare	LANtastic	WFW	Win
密碼加密	X	X	X	X				X
系統追蹤	X	X	X	X				
Mac 連接	X	X	X	X				
TCP/IP	X	X	X	X	X	X	X	X
IPX/SPX	X	X	X	X	X	X	X	X
長檔案名	X	X	X	X				X
圖形管理界面	X	X	X	X				

◎ 應用軟體

在網路上的應用軟體的範圍相當廣泛，種類也相當多，特別在網際網路上，可以連上到全球資訊網 (WWW) 的瀏覽器有 IE (Internet Explorer)、Firefox、Opera 等知名的瀏覽器，另外，像是 FTP、WS_ftp、Cuteftp 以及電子郵件 E-mail 中的 Outlook、Eudora 等都是網路應用軟體。

2-2-2 電腦硬體

硬體的種類繁多，有些硬體設備是一般人很少會去注意、接觸的，如中繼器 (Repeater)、交換器 (Switch)、橋接器 (Bridge)、路由器 (Router)、閘道器 (Gateway) 等。另外使用者較常接觸的有網路卡 (NIC)、集線器 (Hub)、數據機 (Modem)、ADSL Modem、Cable Modem 網卡等，讓我們來一一介紹這些的網路專用硬體設備吧！

🎯 網路卡

連接傳輸媒體與電腦間的介面卡，目前網路卡的速度提升，已經可達 1GB 的傳輸能力。早期個人電腦、筆記型電腦都有其專用之網卡，但目前一般都已變成標準配備，直接加於主機板中，另外一種為手機業者的 3.5G 行動網卡，由手機業者提供隨時隨地上網的功能。

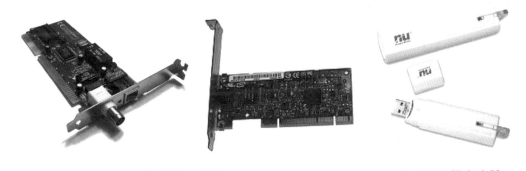

⬆ 網路卡實體　　　　　　　　　　⬆ 3.5G 網卡實體

🎯 中繼器

中繼器是裝於信號傳送過程間，用來修補、接收、強化信號的一種裝置，目的為延長網路傳輸距離。

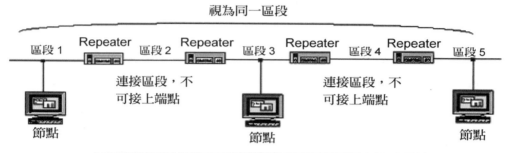

中繼器實體及連接方式

集線器

集線器在 10BaseT 與 100BaseTX 網路中 (星形結構) 是必用的設備。用來集中管理網路線,並傳送網路訊號。上面除了 RJ-45 插槽外,還會有 BNC 接頭與 AUI 接頭等與其他形式的網路連接。但新型的集線器一般都與交換器做結合,而且將 BNC及 AUI 取消,只留 RJ-45 插槽。

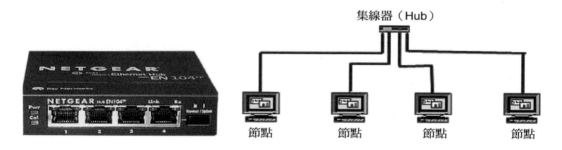

集線器實體及連接方式

交換器

交換器,和 Hub 看起來一樣,但實際上差別很大。首先 Switch 並不一直廣播,而且是全雙工的。Switch 會記錄封包中的 MAC 位址,所以當電腦 A 傳送資料給電腦B 時,其他電腦並不會也收到資料,而且這個時候別的電腦也可以同時互相傳送資料,因此交換器可以選擇適當的連接埠傳送,效率比集線器佳。目前已將集線器及交換器做在一起,稱之為「交換式集線器」(Switch Hub)。

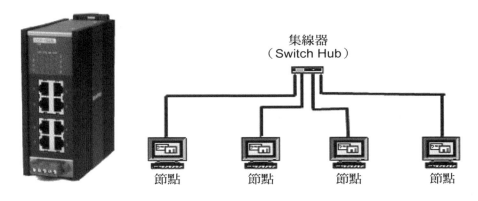

⬆ 交換器實體及連接方式

🎯 橋接器

功能在過濾 (Filtering) 與傳送 (Forward)，用來連接兩個以上具有相同之通訊協定 (如 TCP/IP) 的實體硬體，橋接器在接收信號時，會判斷出此訊息是在同一網路內或是不同網路內，如果不需要，就把它擋住，不送到另一端去，如此可以有效分割網段，控制網路的流量。

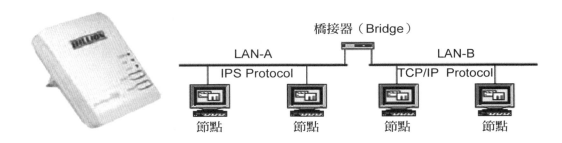

⬆ 橋接器實體及連接方式

🎯 路由器

路由器通常用於分開用專線連接 WAN 與內部的 LAN。決定哪些資料要送到廣域網路去、哪些資料只要在內部跑即可。也用於多段網路整合時，主要功能是負責找出資料的傳輸最佳路徑，作為區域網路與廣域網路的連接介面。

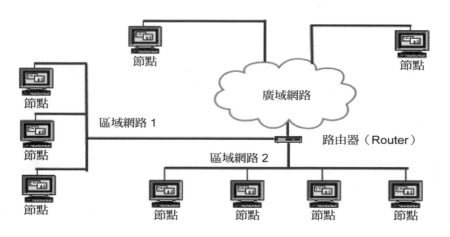

⬆ 路由器實體及連接方式

 註解

1. **動態路由**：使用預先計算好的路由表，在直接連線的路徑斷線時才使用預備的路徑。「動態路由」嘗試按照由路由協定所攜帶的資訊來自動建立路由表以解決這個問題，也讓網路能夠近自主地避免網路斷線或失敗。

2. **靜態路由**：路由 (Routing Entry) 由手動配置，而非動態決定。與動態路由不同，靜態路由是固定的，不會改變，即使網路狀況已經改變或是重新被組態。一般來說，靜態路由是由網路管理員逐項加入路由表。

◎ 閘道器

可以連接通訊協定完全不同的兩個網路，處理不同通訊協定的轉換，一般使用於區域網路與廣域網路的連接。

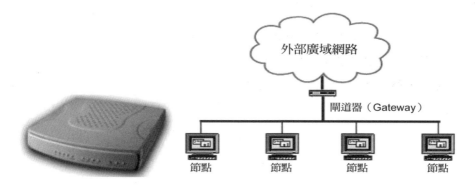

⬆ 閘道器實體及連接方式

數據機

以前的數據機大都使用個人電腦中的 RS-232 串列傳輸埠，但因為速度過慢，目前已較少人使用，取代的是目前的 ADSL Modem、或是有線電視業者提供的 Cable Modem，這些專用的數據機不用在經過 RS-232 而是直接與網卡做連接，目前速度最快的可達 100MB 的傳輸速率。

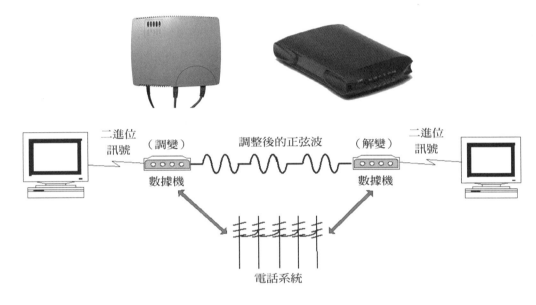

⬆ 數據機實體及連接方式

列印伺服器

列印伺服器提供簡單而高效的網路列印解決方案。一端連接印表機，另一端連接網路 (交換機)；印表機在網路中的任何位置，都能夠很容易地為區域網內所有用戶提供列印。

( ) 01. 下列何種設備可將類比 (Analog) 信號與數位 (Digital) 信號互相轉
換？
(A) 前置處理機　(B) 多工機　(C) 傳真機　(D) 數據機　　　　[丙檢]

( ) 02. 以下哪一種通訊連線方式可以做為上 Internet 網路之方法？
(A) 掃瞄器　(B) 數據機　(C) 傳真機　(D) 呼叫器　　　　　[丙檢]

( ) 03. 利用標準數據機連上 Internet，其最高傳輸速度為若干？
(A) 33.6K　(B) 56K　(C) 64K　(D) 128K　bps　　　　　[91 統測]

( ) 04. 10Base2 乙太網路使用 RG58 同軸電纜為傳輸媒介，其網路拓樸
(Topology) 為下列哪種結構？
(A) 星狀　(B) 環狀　(C) 匯流排　(D) 網狀　　　　　　[92 統測]

( ) 05. 下列哪一種網路拓樸 (Topology)，是以一條線路來連接所有的節點，
線路兩端結尾處則以終端電阻來結束佈線？
(A) 匯流排拓樸　　　　　　　(B) 環狀拓樸
(C) 星狀拓樸　　　　　　　　(D) 網狀拓樸　　　[92 統測、95 技競]

( ) 06. 一群同學同住一棟房舍中，使用一部集線器將所有電腦連接起來形成
一個區域乙太網路，則該網路最可能為下列哪種拓樸 (Topology)？
(A) 星狀　(B) 環狀　(C) 網狀　(D) 匯流排　　　　　[96 統測]

( ) 07. 有關網路設備的敘述，何者正確？
(A) 交換器是用來轉換數位訊號與類比訊號
(B) 橋接器是用來連接同一區域網路內的多部電腦
(C) 路由器是用來定義電腦在區域網路上的位置
(D) 閘道器是用來連接不同類型的通訊協定　　　　　[96 統測]

( ) 08. 下列網路傳輸設備中，何者用來將網路訊號增強後再送出？
(A) 橋接器 (Bridge)　　　　　(B) 中繼器 (Repeater)
(C) 路由器 (Router)　　　　　(D) 交換器 (Switch)　　　[96 統測]

( ) 09. 下列有關網路傳輸設備的敘述，何者錯誤？
(A) 集線器 (hub) 可連接多個網路節點
(B) 中繼器 (repeater) 主要用於連接兩個區域網路
(C) 路由器 (router) 可連接多個網路
(D) 交換器 (switch) 類似集線器可減少訊息發生碰撞的機率　[97 統測]

( ) 10. 下列何種網路設備可以作為區域網路與廣域網路連接時的橋樑？
  (A) 路由器 (Router)   (B) 中繼器 (Repeater)
  (C) 集線器 (Hub)   (D) 數據機 (Modem)   [98 統測]

( ) 11. 下列何種網路通訊設備會將連結的網段組成單一個蹤撞領域？
  (A) 路由器   (B) 橋接器   (C) 集線器   (D) 交換器   [93 二技]

( ) 12. 辦公室裡有 10 部電腦，要共同分享一部印表機，需安裝下列何種設備？
  (A) 計數器   (B) 中繼器
  (C) 郵件伺服器   (D) 列印伺服器   [96 二技]

( ) 13. 對 IP 分享器之敘述，下列何者錯誤？
  (A) 多台電腦可同時上網
  (B) 無連線資源分享的功能
  (C) 有類似集線器的功能
  (D) 使用 NAT (網路位址轉換)技術   [96 二技]

( ) 14. 下列何者是網路設備？
  (A) 交換器   (B) 瀏覽器   (C) 暫存器   (D) 正反器   [96 二技]

( ) 15. 電腦教室內的 5 部電腦，若以雙絞線直接連至具有 10 個埠的集線器上，請問此種網路連線架構稱為？
  (A) 匯流排拓樸   (B) 星狀拓樸
  (C) 環狀拓樸   (D) 半圓狀拓樸   [90 統測]

( ) 16. 在同一辦公室裡，如果在 20 部以上的電腦，要分享一部具有網路功能的高速雷射印表機，下列何者是最合適的設備？
  (A) 集線器   (B) 閘道器   (C) 路由器   (D) 列印伺服器   [91 統測]

( ) 17. 關於電腦網路的敘述，下列何者有誤？
  (A) 通訊協定 TCP/IP 可適用於區域網路或廣域網路
  (B) 有線傳輸媒介中，光纖比雙絞線與同軸電纜較不易受電磁波干擾
  (C) 環狀網路架構藉由一集線器以連接各節點電腦，故一旦集線器故障，則會使整個網路停擺
  (D) 區域名稱 (domain name) 與 IP 位址均代表網址且具唯一性，但區域名稱比較容易記憶   [93 統測]

( ) 18. 若要連接兩個不同的網路區段，且具有選擇資料傳輸路徑的功能，則使用下列哪一種網路通訊設備最合適？
(A) 路由器 (Router)   (B) 集線器 (Hub)
(C) 中繼器 (Repeater)   (D) 橋接器 (Bridge)   [94 統測]

( ) 19. 下列哪個網路連線設備能協助訊息封包 (Packets) 於 Internet 傳遞過程中找到適當路徑，並順利將此訊息封包順利傳送至目的地？
(A) ADSL 數據機 (ADSL Modem)
(B) 路由器 (Router)
(C) 乙太交換器 (Ether Switch)
(D) 橋接器 (Bridge)   [96 技競]

( ) 20. 下列哪一種網路的拓撲 (Topology) 型式，是用一條線路連接所有的網路節點，在網路線路兩端結尾處則以終端電阻來結束佈線？
(A) 星狀拓撲   (B) 匯流排拓撲
(C) 環狀拓撲   (D) 網狀拓撲   [95 技競]

( ) 21. 10Base-T 乙太網路，此種乙太網路的佈線方式為？
(A) 匯流排   (B) 環狀   (C) 星狀   (D) 網狀   [丙檢]

( ) 22. 以下哪一項裝置不屬於架設乙太區域網路時可能會使用的設備？
(A) 數據機   (B) 中繼器   (C) 集線器   (D) 集線交換器   [97 技競]

( ) 23. 有一部中央 (hub) 電腦負責管理網路，其餘電腦都與其直接連接，此種網路架構稱為：
(A) 星狀網路   (B) 匯流排網路
(C) 主從架構網路   (D) 環狀網路   [95 二技]

( ) 24. 中繼器 (repeater) 是屬於 OSI 模型中的哪一層裝置？
(A) 實體層   (B) 網路層   (C) 傳輸層   (D) 表現層   [95 二技]

( ) 25. 在 Windows 作業系統中，以手動方式設定 TCP/IP 網路連線，設定項目包含 IP 位址、子網路遮罩及下列何種設備的 IP 位址？
(A) 集線器 (Hub)   (B) 橋接器 (Bridge)
(C) 交換器 (Switch)   (D) 閘道器 (Gateway)   [96 統測]

( ) 26. 下列哪一種網路設備具備支援網路層 (network layer)的功能？
(A) 橋接器 (bridge)   (B) 集線器 (hub)
(C) 中繼器 (repeater)   (D) 路由器 (router)   [92 二技]

( )　27.　下列何者是用於一般個人電腦網路線接頭之規格？
　　　　　(A) RJ-11　　(B) RJ-12　　(C) RJ-14　　(D) RJ-45　　　　　　[102 統測]

( )　28.　以下何種裝置是用來連接不同通訊協定的網路？
　　　　　(A) 閘道器　　(B) 交換器　　(C) 中繼器　　(D) 橋接器　　　　[103 統測]

( )　29.　下列哪一項代表網路卡實體位址 (MACAddress)？
　　　　　(A) https://tw.yahoo.com　　　　(B) 00:16:E6:5B:58:60
　　　　　(C) 140.111.34.147　　　　　　　(D) 2001:DB8:2DE::E13　　　[108 統測]

( )　30.　下列何者不是電腦網路的連結架構？
　　　　　(A) 環狀　　(B) 星狀　　(C) 匯流排　　(D) 對等狀　　　　　[107 統測]

( )　31.　下列對於網路的拓樸 (Topology) 的描述，何者錯誤？
　　　　　(A) 匯流排 (Bus) 結構適合廣播 (Broadcast) 的方式傳遞資料
　　　　　(B) 樹狀 (Tree) 的結構，可以形成封閉性迴路
　　　　　(C) 環狀 (Ring) 結構網路上的節點依環形順序傳遞資料
　　　　　(D) 星狀 (Star) 的結構，經常需要一個集線器 (HUB)　　　　[107 統測]

( )　32.　某電腦教室內有 10 部桌上型電腦以及一台 16 埠集線器 (Hub)，每部
　　　　　電腦都只有一張具備一組 RJ-45 雙絞線接頭的網路卡，若要讓該電腦
　　　　　教室內的所有電腦同一時間連接到網際網路，請問使用哪種網路連線
　　　　　拓樸架構最合適？
　　　　　(A) 匯流排拓樸　　　　　　(B) 星狀拓樸
　　　　　(C) 環狀拓樸　　　　　　　(D) P2P 拓樸　　　　　　　　　　[109 統測]

( )　33.　有關 MAC (Media Access Control) 位址的敘述，下列何項不正確？
　　　　　(A) 168.95.1.1 是屬於 MAC 位址
　　　　　(B) MAC 位址有 6Bytes
　　　　　(C) MAC 位址是指網路卡的實體位址
　　　　　(D) 所有位元均為 1 的 MAC 位址是提供廣播使用的位址　　[102 統測]

( )　34.　下列哪一項不是網路設備？
　　　　　(A) 集線器 (Hub)　　　　　　(B) 直譯器 (Interpreter)
　　　　　(C) 路由器 (Router)　　　　　(D) 交換器 (Switch)　　　　　　[102 統測]

( )　35.　下列哪一種網路連接設備具有過濾封包的功能，可避免網路區段間的
　　　　　訊息干擾，提高網路傳輸效率？
　　　　　(A) 橋接器　　(B) 中繼器　　(C) 集線器　　(D) IP 分享器　　[106 統測]

🎯 **ITS 考題觀摩**

( )　01. 如果路由器無法判斷封包的下一個目的節點，路由器會如何動作？
(A) 廣播此封包
(B) 將此封包儲存在記憶體緩衝區中
(C) 將此封包傳送至預設路由
(D) 捨棄此封包

( )　02. 網路交換器具有哪兩個特性？
(A) 可識別所接收資要的預定目的地
(B) 可以同時傳送和接受資料
(C) 造成的資料衝突比集線器多
(D) 會將每個封包傳送至所有與其連接的電腦

( )　03. 公司網路中，所有裝置都連線到同一部網路交換器，這是何種網路拓樸？
(A) 環狀　(B) 匯流排　(C) 網狀　(D) 星形

( )　04. 公司網路中，所有裝置都連線到同一部網路交換器，實體上是何種網路拓樸？
(A) 網狀　(B) 匯流排　(C) 環狀　(D) 星形

( )　05. 網際網路的設計是採用哪一種網路拓樸？
(A) 星形　(B) 巴士狀　(C) 網狀　(D) 匯流排

( )　06. OSI 模型第二層中，連接多部電腦的裝置是哪種？
(A) 交換器　(B) 橋接器　(C) 路由器　(D) 存取點

( )　07. 多層交換器除了交換功能之外，還有哪些功能？
(A) 提供第三層路由功能
(B) 橋接不同實體拓樸之間的流量
(C) 管理用戶端電腦的位址
(D) 在各種網路通訊之間的轉譯

( )　08. 下列哪種路由具備容錯能力？
(A) 靜態路由
(B) 預設路由
(C) 成本最低的路由
(D) 動態路由

(　) 09. 將 Windows Server 2016 電腦已設定成路由器，針對服務品質 QoS 設定原則支援，可以透過 QoS 原則進行哪兩個原則的設定？
(A) 根據躍點計數來最佳化路由
(B) 根據傳送電腦 IP 位址來設定流量優先順序
(C) 根據傳送應用程式來設定流量優先順序
(D) 根據接收應用程式來設定流量優先順序
(E) 根據可用頻寬來最佳化路由
(F) 根據接收電腦 IP 位址來設定流量優先順序

(　) 10. 網狀網路拓樸具有哪兩個特性？
(A) 每個節點都連線到其他每個節點
(B) 最適合大量節點的網路
(C) 其佈線需求低於星形或環狀拓樸
(D) 容錯能力最佳

(　) 11. 乙太網路拓樸具有哪兩個特性？
(A) 通常使用雙絞線或光纖媒體
(B) 使用權杖來避免衝突
(C) 網路介面卡實體使用上 IP 位址編碼
(D) 可以交涉不同的傳輸速度

(　) 12. 環狀拓樸會使用哪一種存取方法？
(A) 迴避 Avoidance　　　　(B) 輪詢 Pollision
(C) 衝突 Collision　　　　(D) 權杖傳遞 Token Passing

(　) 13. 哪個網路拓樸藉由提供備援通訊路徑來提供容錯通訊？
(A) 星形　(B) 環狀　(C) 網狀　(D) 匯流排

(　) 14. 如何更新路由器的靜態路由表？
(A) 在重設路由之後透過 RIP 通訊協定
(B) 藉由監視相鄰子網路
(C) 使用實體位置最相近路由器的更新
(D) 透過網路管理員

(　) 15. RIP 使用哪個標準來判斷路由成本？
(A) 躍點計數　　　　(B) 衰減
(C) 延遲　　　　(D) 躍點之間的實際距離

( ) 16. 哪個網路裝置會讓工作群組中的電腦互連，可以從遠端進行設定，並且提供最佳的輸送量？
  (A) 路由器　　　　　　　(B) 未受管理的交換器
  (C) 受管理的交換器　　　(D) 集線器

( ) 17. 你是小型企業的網路系統管理員，某員工無法存取任何網路，其他員工都沒有這個問題，所有的電腦都位於同一個內部網路，你如何化解此問題？
  (A) 檢查該員工的網路介面卡，以確認網路介面卡能夠應用
  (B) 判斷該員工的電腦是否具備有效的 IP 位址
  (C) 檢查該員工電腦上的 DNS 設定
  (D) 檢查路由器能否正常運作
  (E) 連絡網際網路服務提供者
  (F) 確保路由器可連至網際網路

( ) 18. 你是小型企業的網路系統管理員，某天清晨開始工作時，你發現公司所有員工都無法存取外部網路，但所有員工都可以存取內部網路網站，所有電腦都在同一個內部網路，由一部路由器連接起來，你必須排解此問題，你應該完成兩個動作請選擇兩個答案？
  (A) 檢查路由器是否有良好的實體連線能力
  (B) 聯絡網際網路服務提供者
  (C) 判斷該員工的電腦是否具備有效的 IP 位址
  (D) 檢查該員工的網路介面卡，以確認網路介面卡能夠應用

( ) 19. 您的學校網路具有多個路由器，其中一間宿舍的學生回報，無法連線到電子郵件伺服器。您確認電子郵件伺服器運作正常。您懷疑是子網路上的路由器造成問題，此時應該執行哪二動作？(請選 2 個答案)
  (A) 查看路由器的路由表
  (B) 用動態路由
  (C) 用多點傳送
  (D) 查看路由器的 NAT 表

( ) 20. 有線乙太網路拓樸具有兩個特性？
  (A) 可以交涉不同的傳輸速度
  (B) 使用權杖來避免網路發生衝突
  (C) 通常採用雙絞線或光纖媒體
  (D) 使用實體 IP 位址編碼的網路介面卡

( ) 21. 電腦是使用銅線經由網路跳線面板連接至交換器，電腦取得的資料速度低於預期，你應該執行哪兩個動作來找出問題？
(A) 測試纜線的資料速度
(B) 使用纜線測試器搜尋纜線中斷掉的電線
(C) 執行從單位 A 到單位 B 線路的音頻查線
(D) 使用光時域反射計 (OTDR) 測試線路

( ) 22. 只會將單點傳播框架，傳送至一個目的地連接 port？
(A) 交換器　(B) 集線器　(C) 信號增強器

( ) 23. 如果交換器不知道框架的傳送目標？
(A) 會導致他濫發框架至各個連接 port
(B) 不會濫發框架至各個連接 port
(C) 會發框架至第一個連接 port
(D) 會當機

( ) 24. 你任職於某公司，公司總裁回報他的有線網路印表機無法運作，為了測試線路你必須知道插孔插在跳線面板的什麼位置，但是沒有任何標籤在主配線架構 MDF 中你發現一束 35 條纜線，你應該使用哪種工具來分離出正確的纜線？
(A) 音頻查線器　　　　(B) 纜線測試器
(C) 萬用電表　　　　　(D) 時域反射計 (TDR)

( ) 25. 你任職於某公司，財務部門抱怨說存取公司網路時資料速度很慢，該部門的其中一部電腦顯示連線只有 100Mbps 但該線路應該是 1000Mbps 你應該使用哪個網路硬體工具來判斷纜線是否能達到 1000Mbps 全雙工傳輸？
(A) 纜線測試器
(B) 萬用電表
(C) 時域反射計 (TDR)
(D) 音頻查線器

( ) 26. 需要哪種硬體才能夠將 LAN 正確連線到 WAN？
(A) 路由器
(B) 第 2 層交換器
(C) 獨立存取點
(D) 收發器

( ) 27. 交換器的兩個重要特性？
(A) 交換器造成的資料衝突比集線器多
(B) 交換器可以識別所接收資料的預定目的地的
(C) 交換器可以同時傳送跟接收資料
(D) 交換器會將每個框架傳送至所有與之連接的電腦

( ) 28. 在無線路由器上 SSID 是？
(A) 預設系統管理員帳號　　(B) 廣播識別碼
(C) WAN 加密通訊協定　　(D) 預設通訊協定

( ) 29. 如何更新路由器的靜態路由表？
(A) 藉由監視相鄰子網路
(B) 透過網路系統管理員的直接動作
(C) 使用實體位置最相近路由器的更新
(D) 重設路由器之後透過 RIP 通訊協定

( ) 30. 你正在嘗試存取網際網路上的音樂分享服務，位於 IP 位址 173.194.
75.105。你正在連線時發生錯誤，你對伺服器執行追蹤路由，收到下
圖所示的輸出，評估本圖後，追蹤路由中的每個躍點都是？
(A) 防火牆　(B) 路由器　(C) 交換器

( ) 31. 具備容錯功能的是？
(A) 動態路由　　　　　　(B) 靜態路由
(C) 預設路由　　　　　　(D) 最低成本路由

( ) 32. 哪個實體網路拓樸，藉由提供備援通訊路徑，來提供容錯通信？
(A) 環狀　(B) 網狀　(C) 星狀　(D) 匯流排

( ) 33. 網狀網路拓樸具有哪兩個特性？
   (A) 佈線需求低於星形或環狀拓樸
   (B) 每個節點都連接到網路上的其他每個節點
   (C) 由於有備援連線因此具備容錯能力
   (D) 最適合包含大量節點的網路

( ) 34. 你認識一個擁有 15 台電腦的小型辦公室，當地的 ISP 提供了單一功用
   IP 位址，您必須讓 15 台電腦，都擁有網際網路存取能力，應該使用
   哪個路由器？
   (A) RIP   (B) 靜態路由
   (C) NAT   (D) 連接埠轉送 PAT

( ) 35. 建築物與建築物之間的網路連線是 550 公尺，而且線路發生插入損
   失。應該用哪種工具來測試衰減。
   (A) 光時域反射計   (B) 時域反射計
   (C) 萬用電錶   (D) 音頻查線器

( ) 36. 哪種網路裝置，會讓工作群組中的電腦相互連線、能夠從遠端進行設
   定，並且提供最佳的輸送量？
   (A) 受管理的交換器   (B) 未受管理的交換器
   (C) 集線器   (D) 路由器

37. 您網路上所有的路由器都已設定為使用 RIP。下列敘述正確選"是"，錯誤
   選"否"。
   (是 / 否) (A) RIP 自動從其他 RIP 路由器取得網路的資訊，藉以將這些
              網路新增至路由表
   (是 / 否) (B) 當 RIP 芳鄰刪除路由時，RIP 會自動從路由表移除這些路由
   (是 / 否) (C) RIP 會根據頻寬和可用性判斷路由

38. 下列敘述正確選"是"，錯誤選"否"。
   (是 / 否) (A) OSPF 使用頻寬和延遲做為路由計量
   (是 / 否) (B) RIP 導出路由可以包含最多 15 個的躍點
   (是 / 否) (C) OSPF 根據變更情況更新路由表所需的時間比 RIP 所需更久
   (是 / 否) (D) 廣播路由變更時，RIP 產生的更新流量比 OSPF 產生的還多

39. 下列敘述正確選"是"，錯誤選"否"。

(是 / 否) (A) 交換器只會將單點傳播封包傳送至一個目的地連接埠

(是 / 否) (B) 如果交換器不知道封包的傳送目標，會導致連接埠湧入封包

(是 / 否) (C) 交換器只會將傳播封包傳送至上行連接埠

40. 下列敘述正確選"是"，錯誤選"否"。

(是 / 否) (A) 路由可以包含最多 15 個躍點

(是 / 否) (B) 路由變更會立即透過網路進行廣播

(是 / 否) (C) 路由管理會隨著網路擴大而變得更有效率

(是 / 否) (D) 路由是根據所需的躍點數目來計算

41. 請將描述與答案做配對。

星形・　　　　　・實體拓樸是由透過個別纜線連接到中央及線器的裝置所定義

環狀・　　　　　・這是 FDDI 和 SONET 所使用的實體拓樸

網狀・　　　　　・公用網際網路基礎的實體拓樸

3

網路的構成（二）

學習重點

- 3-1 通訊媒介
- 3-2 資料傳送方式
- 3-3 電腦網路的基礎知識

3-1 通訊媒介

各種網路不同功用的硬體,使用在不同的場合,兩台電腦進行連線時,也不可能只有一條隨便電線就可連接起來,它有許多限制的條件。利用什麼介質來替我們傳送資料,必須考慮傳送的頻寬、成本及延遲時間等因素,目前通訊媒介大約可分為有線通訊媒介與無線通訊媒介兩大類。

3-1-1 有線通訊媒介

有線傳輸媒介有雙絞線 (Twisted Pair)、同軸電纜 (Coaxial Cable),及光纖 (Optical Fiber) 等。

🎯 雙絞線

雙絞線 (Twisted Pair,TP) 在架設線路時最常用的一種傳輸介質,雙絞線是將兩條線路互相按一定距離絞合在一起所成的一種類似於電話線的傳輸媒體,每條線路外層都加了一層絕緣的材質包裹,且有顏色作為標記,常見的雙絞線可分為兩種,一種是非遮罩雙絞線 (Unshilded Twisted Pair,UTP),而另外一種是遮罩雙絞線 (Shielded Twisted Pair,STP)。

⬆ 雙絞線實體

規格	傳送速度	應用
Cat-1	56Kbit/s	傳統電話、ISDN
Cat-2	4Mbit/s	令牌環網路
Cat-3	16MHz 頻寬	10 Mbit/s 乙太網路
Cat-4	16Mbit/s	100Mbit/s 乙太網路
Cat-5	100MHz 頻寬	100Mbit/s 乙太網路
Cat-5e	100MHz 頻寬	1Gbit/s 乙太網路
Cat-6	250MHz 頻寬	1Gbit/s 乙太網路
Cat-6A	500MHz 頻寬	10Gbit/s 乙太網路
Cat-6e	500MHz 頻寬	10Gbit/s 乙太網路

規格	傳送速度	應用
Cat-7	600MHz 頻寬	10Gbit/s 乙太網路
Cat-8	2000MHz 頻寬	40Gbit/s 乙太網路

🎯 同軸電纜

同軸電纜線的外觀看起來就像有線電視電纜一樣，早期這種連接方式讓許多人採用，它的優點在於不必經過「集線器」(HUB)，採用串接的方式運作，單點對單點的傳輸距離為 180~500 公尺不等，視線材的種類而定。

同軸電纜主要可分為兩類，一類是較粗的電纜稱為粗纜 (75 歐姆型)，而另一類是較細的電纜稱為細纜 (50 歐姆型)，實體架構都是由中央的一根銅線，而銅線的外部由一絕緣層包覆，在絕緣層之外是由金屬所成的遮罩網所覆蓋，而最外層則是由橡膠類的絕緣材質所包裹而成的護套，同軸電纜的傳輸效果較雙絞線好。

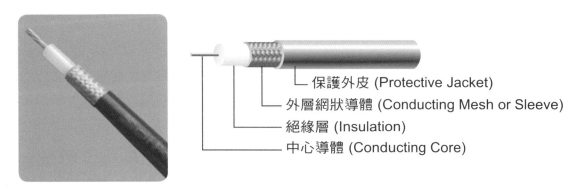

- 保護外皮 (Protective Jacket)
- 外層網狀導體 (Conducting Mesh or Sleeve)
- 絕緣層 (Insulation)
- 中心導體 (Conducting Core)

⬆ 同軸電纜實體及結構

🎯 光纖

光纖電纜的傳輸速度以及訊號品質是一流的，傳輸品質最佳的傳輸媒介為光纖。但是我也不諱言的說，它的架設成本過於昂貴，一般人幾乎不會也不想使用這種網路連接方式，因為單點對單點的距離可以高達 2 公里以上。

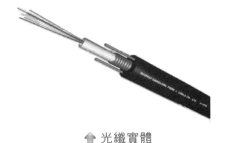

⬆ 光纖實體

光纖是由許多條纖細如髮絲的塑膠或是玻璃纖維,而其外包裹絕緣膠套所製成透過光的折、反射原理,資料可藉由光速在玻璃纖維內傳輸,由於光不受磁效應影響,所以能夠防磁防電,也因此光纖的傳輸品質高、穩定,目前的光纖產品主要有10BASE-FL、10BASE-FB 以及 10BASE-FP 三種傳輸格式,而其中 10BASE-FL 是目前最廣泛被使用的光纖資料傳輸格式。

光纖價格:多模光纖 > 單模光纖

3-1-2 無線通訊媒介

無線網路的傳輸媒體是利用空氣作為傳輸介質,無線媒體的分類上主要可區分為四種類型。

這四種類型分別為無線電波、微波、衛星通訊,以及紅外線光波等。而在無線網路的使用上,常見的通訊協定有 802.11a、802.11b 以及 802.11g。

◎ 無線電波

無線電波的頻率範圍約在 10^4~10^8 赫茲的電磁波,它的傳輸原理很簡單,是利用加速電子產生電磁場,而這電磁場再去加速其它的電子,所以只要我們能移動某個電子,其產生的電磁場也會帶動其它電子的移動,而移動的電子愈多,訊號也就愈強。

無線電波的應用更為廣泛,如三台的電視,以傳輸的距離來說,無線電波較紅外線能提供更遠的距離,且無線電波具有穿透牆壁的能力,這也是紅外線所不及的一點!

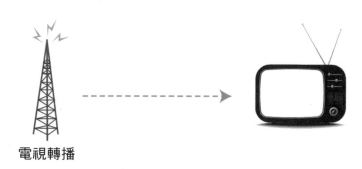

電視轉播

微波

微波是一種具有很大穿透力的高頻電磁能量,可以自由地在空間中傳播,遇到金屬面會反射,可在介電質中轉換成熱能,加熱介電質,就是所謂的微波加熱。微波是由稱為磁控管的微波產生器產生出來,微波一般是 300MHz~300GHz 周波數的電磁波,常見於一般家庭使用之微波爐及業務用之微波加熱裝置等,亦可用於救災通訊或是網路通訊。

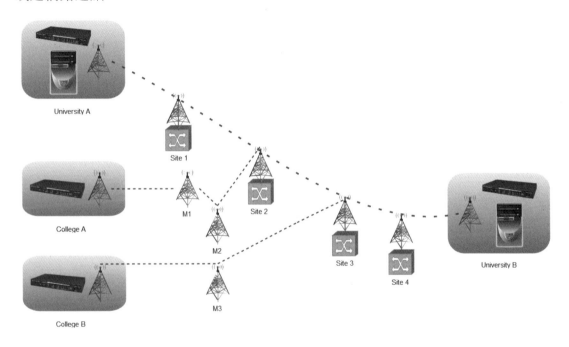

衛星通訊

衛星通訊的發展在現今有重大的變化,也是日前最方便的傳輸方式,衛星通訊系統的組成分為「地面電台分系統」與「衛星分系統」。衛星分系統距離地面 22,500 公里的軌道上與地球同步旋轉,因此不受地形及高樓障礙物影響。傳送方式是由地面發射台發射至衛星,衛星在將信號接收後再轉送至地面接收台。目前 Internet 在頻寬有限、速率遲緩、使用率爆炸的窘境下,衛星通訊高頻寬、高傳輸速率的特性,再次受到青睞。

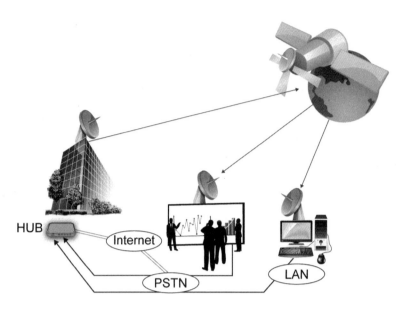

⬆ 衛星通信示意圖 (資料來源：中華電信)

🎯 紅外線

紅外線就是紅色光譜之外的不可視光，波長約為 850～900nm 的紅外線的光學無線通訊，新制定的「Low Power 規格」則將通訊距離規定在 20cm 以內。可通訊範圍是以通訊軸 30° 圓弧型的範圍。它也有光的特性，無法穿透物體而達到傳輸的目的。

紅外線應用有兩種，一種是低速紅外線，及高速紅外線。低速型應用於日常家電中可看到的遙控器，其方法是在發射端送出編碼的訊號，而在接收端再還原為來的訊息。低速紅外線的傳輸速率為 115.2Kbits/s，適於用在文字的傳輸上；另一種是高速紅外線，其傳輸速率為 1~4Mbits/s，對網路應用而言呢？高速紅外線適用於教室的環境或小型封閉的區域，但其缺點是易受到牆壁的阻礙。若從經濟上來考量，紅外線為一低成本的選擇。

電磁光譜表

單位：微米

電磁波		
不可視線(肉眼所不見)波長較短	可視光線(肉眼可見)	不可視光線(肉眼看不見)波長較長
宇宙線	伽瑪線	X光線	紫外線	紫 靛 藍 綠 黃 橙 紅	紅外線	微波	波長	電力周波

0.2　　0.4　　　　　　　　0.75-1000

| 近紅外線 | 中間紅外線 | 遠紅外線 |

0.75　　　　　　1.5　　　　　4.0　　　　1000

| 生育光線 |

6　　　　　　14
對人體及動植物最有效用的波長

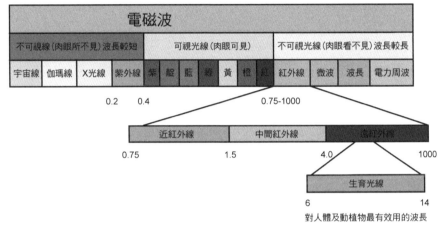

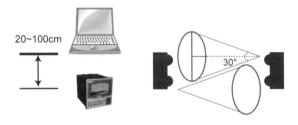

20~100cm

30°

⬆ 紅外線頻譜及發射接收 (資料來源：ROHM)

🎯 其他無線通訊應用

1. 藍牙無線技術 (Bluetooth)

   為一種無線傳輸技術，傳輸範圍大約 10 公尺，傳輸速率為 1Mbps，目前應用於手機、藍牙耳機、電腦、列表機等 3C 產品。

2. 無線射頻識別系統 (Radio Frequency Identification，RFID)

   使用無線電波傳送識別資料，透過識別晶片可以辨識和管理資料的辨識系統。優點為使用電子標籤，體積小，可重複讀寫，進行辨識不需人工介入，為非接觸之識別系統，速率可達每秒 50 個以上的識別，目前應用於商品管理、動物晶片、門禁管制、醫療病歷系統、交通貨物運輸、收費系統等。

3-2　資料傳送方式

一般資料的傳遞，依其信號調變的方式，可分為「類比調變傳送」及「數位調變傳送」兩種。

3-2-1　類比調變傳送

類比調變傳送，一般最常見的就是平常的電視或收音機信號。類比信號也可以傳送數位資訊，但傳送時須先經過調變，接收時需做解調才能還原數位信號，這個設備就是我們熟悉的調變與解調器 (Modem)。

類比調變傳送的方式有：

◆　AM (Amplitude Modulation) 振幅調變

◆　FM (Frequency Modulation) 頻率調變

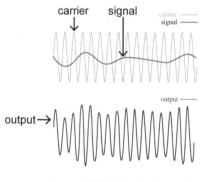

⬆ AM 調變輸入輸出信號

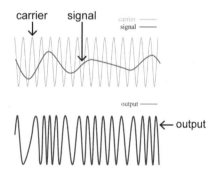

⬆ FM 調變輸入輸出信號

◆　PM (Phase Modulation) 相位調變

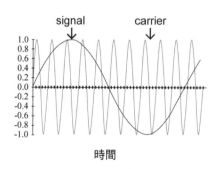

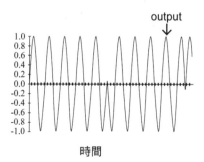

⬆ PM 調變輸入輸出信號

3-2-2 數位調變傳送

數位傳送方式於短距離傳送時，就是在線路裡直接傳送 0 與 1 的信號，但在遠距離的傳送上，就必須將信號做數位調變，數位調變與類比調變類似，但是它不能連續地改變載波的振幅、頻率或相位，只有離散的數值對應於數位編碼。

數位調變方式有四種：

1. ASK (Amplitude Shift Keying) 幅移鍵控調變

2. FSK (Frequency Shift Keying) 頻移鍵控調變

3. PSK (Phase Shift Keying) 相移鍵控調變

4. QAM (Quadrature Amplitude Modulation) 垂直振幅調變

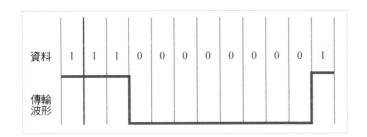

數位信號傳輸方式

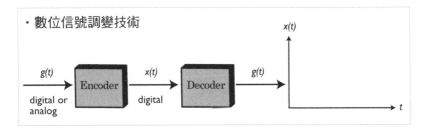

數位信號
調變方塊圖

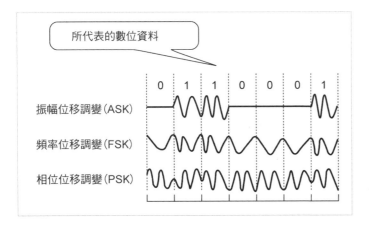

ASK、FSK、PSK 調
變波形

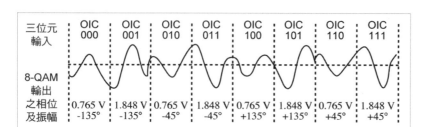

三位元輸入	OIC 000	OIC 001	OIC 010	OIC 011	OIC 100	OIC 101	OIC 110	OIC 111
8-QAM 輸出之相位及振幅	0.765 V -135°	1.848 V -135°	0.765 V -45°	1.848 V -45°	0.765 V +135°	1.848 V +135°	0.765 V +45°	1.848 V +45°

QAM 輸出相位及振幅對時間之關係圖

3-2-3 其他傳送方式

信號傳送時,除了將信號轉換成另一個信號再傳送外,有一些因方式或做法不同而有不同的意義,說明如下:

🎯 依傳輸方向性

1. 單工傳輸

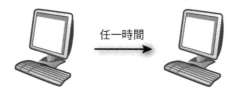

任一時間

2. 半雙工傳輸

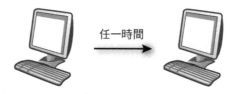

任一時間

3. 全雙工傳輸

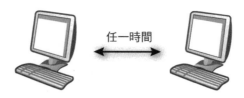

任一時間

依傳輸順序

1. 串列傳輸

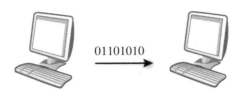

2. 並列傳輸

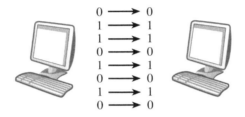

依資料包裝方式

1. 非同步傳輸

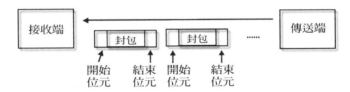

2. 同步傳輸

依頻道多寡

1. 基頻傳輸

2. 寬頻傳輸

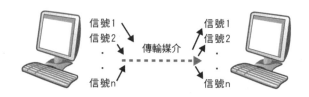

3-3 電腦網路的基礎知識

🎯 Internal Network Number

Internal Network Number 內部網路編號，用來定址及路由的一個 4 位元組的十六進位數字。內部網路編號可識別電腦內的虛擬網路。內部網路編號必須是 IPX 網際網路中唯一的編號。內部網路編號也稱為虛擬網路編號。

🎯 External Network Number

External Network Number 外部網路編號，用來定址及路由的一個 4 位元組的十六進位數字。外部網路編號與實體網路卡及網路相關。若要互相通信，相同網路上使用某個特殊框架類型的所有電腦，都必須有相同的外部網路編號。所有外部網路編號都必須是 IPX 網際網路中唯一的編號。

🎯 Protocol

Protocol 通訊協定，一組透過網路傳送資訊的規則及慣例。這些規則會控制在網路裝置之間交換訊息的內容、格式、時間、順序及錯誤控制。

Protocol 使電腦間有共通的網路語言。不同的通訊協定造就不同的網路系統。

🎯 頻寬

纜線可傳送資料的速度稱我「頻寬」，單位為 bps (bit per second)，可稱為每秒位元數，若加上數量單位 m (百萬)、g (十億)，常見的有 mbps、gbps。

網路頻寬速率整理

規格	速率	備註
T1	1.544 Mbps	
T2	6.312 Mbps	相當於 4 個 T1
T3	44.736 Mbps	相當於 28 個 T1 或 7 個 T2
T4	274.176 Mbps	相當於 168 個 T1、42 個 T2、6 個 T3
E1	2.048 Mbps	
E2		相當於 4 個 E1
E3		相當於 16 個 E1
E4		相當於 64 個 E1
E5		相當於 256 個 E1

1. 一般 ATM 設備是以光纖傳輸，並多使用 OC-3 或 OC-12 的速率

2. OC-1 也相當於在傳統傳輸設備的 T3 可傳送資料量

3. DS 為 Digital Signal 的縮寫，為資料傳輸時的單位

4. DS1 相當於美規的 T1

5. DS3 相當於美規的 T3

資料來源：http://tony.strongniche.com.tw/linux/contents.php?sn=701

ISDN

ISDN (Integrated Services Digital Network) 整體服務數位網路，用現有的電話線路來高速傳遞訊息的一種技術，可以傳遞數位訊號，達到比數據機較高的速率，但是卻比專線較低花費。

Packet

Data Packet 資料封包，Open Systems Interconnection (OSI) 網路層傳輸單位，由二進位資訊組成，代表資料及內含識別碼、來源及目的地位址，以及錯誤控制資料之標頭。

若把要傳送的資料視為要寄送的貨物，協議數據單元 (Protocol Data Unit，PDU)，可以想像為裝貨物的包裝箱。

封包是由用戶數據和必要的地址和管理資訊組成，保證網路能夠將數據傳遞到目標。類似於從郵局發送的包裹上註明的地址一樣，提供給網路這些資訊，網路 (郵局) 才能把封包 (包裹) 往正確的地址傳送。較正式的說法是：傳送時會依序把資料、區段、封包、訊息框進行打包後，再傳送出去。

Packet Switching

Packet Switching 封包交換、分封交換，將資料分隔到封包中，再透過網路傳送封包的技術。

Duplex

Duplex 雙工，一次能以兩個方向透過通訊通道傳輸資訊的系統。

Full-Duplex

Full-Duplex 全雙工，能同時以兩個方向透過通訊通道傳輸資訊的系統。

MAC 位址

◆ MAC (Media Access Control) 位址，又稱為硬體位址，是用來定義網路設備的位置。

◆ OSI 模型中第二層資料鏈結層負責 MAC 位址，每個網路位置會有一個專屬於它的 MAC 位址。

◆ MAC 位址共 48 位元 (6 個位元組)，以十六進位表示。後 24 位元由 IEEE 等各組織決定如何分配，前 24 位元由實際生產該網路設備的廠商自行指定。

◆ ff:ff:ff:ff:ff:ff 作為廣播位址。

執行 IPCONFIG /ALL 命令：

```
C:\ 命令提示字元                                                    _ □ ×

C:\Documents and Settings\Super>ipconfig /all

Windows IP Configuration

        Host Name . . . . . . . . . . . . : jNote
        Primary Dns Suffix  . . . . . . . :
        Node Type . . . . . . . . . . . . : Unknown
        IP Routing Enabled. . . . . . . . : No
        WINS Proxy Enabled. . . . . . . . : No

Ethernet adapter 區域連線:

        Media State . . . . . . . . . . . : Media disconnected
        Description . . . . . . . . . . . : Broadcom NetXtreme Gigabit Ethernet
        Physical Address. . . . . . . . . : 00-26-22-51-FC-52
```

Physical Address 即為其 MAC 位址。

◎ MAC 訊框內容

前導碼 8Byte	目的位址 6Byte	來源位址 6Byte	資料欄位通訊 2Byte	主要資料 46-1500Byte	檢查碼 4Byte

乙太網路的 MAC 訊框：上圖中的「目的位址」與「來源位址」指的就是網路卡卡號 (hardware address, 硬體位址)。

◎ MAC Table

Switch 轉送 frame 參考的表格，記錄著某個 MAC，從哪個 VLAN、Port 得到，並且是 Dynamic (Switch 自動得到) 或是 Static (User 設定)。

MAC Table 的運作方式：

當收到一個 frame 時，Switch 會將這個 frame 的 source MAC，記錄到 MAC Table 中。

接著將看這個 frame 的 destination MAC，是否在 MAC Table 中，如果在 MAC Table 中，則 Switch 會將這個 frame 從那個 Port 送出去；如果沒有在 MAC Table 中，則 Switch 會將這個 frame 送到所有的 Port。但如果在 MAC Table 中，且送出 port 跟進來 port 相同時，則 Switch 會將這個 frame 丟掉。

ARP

位址解析通訊協定(Address Resolution Protocol) 將 IP 位址對應到它的實體位址。

IP 位址對應到 MAC 位址的動作，可分為靜態對應 (Static Mapping) 或是動態對應 (Dynamic Mapping)。

靜態對應是建立一張表格，將某個 IP 位址與所對應到的 MAC 位址列在一起，這張表格存在網路上的每台電腦上。可以透過查表的方式，取得 MAC 位址。動態對應，是使用通訊協定去找另一個位址。

PPPoE

PPPoE (Point-to-Point Protocol over Ethernet)，乙太網上的點對點協議，是將點對點協議 (PPP) 封裝在乙太網 (Ethernet) 框架中的一種網路協議。主要用於有線電視數據機 (Cable Modem) 和數字用戶線路 (DSL) 服務程序。它提供標準 PPP 特徵例如身份驗證、加密，以及壓縮。

peer-to-peer

端對端或者群對群技術，指對等網中的節點 (peer-to-peer，簡稱 P2P)，又稱對等網際網路技術，是一種網路新技術，依賴網路中參與者的計算能力和頻寬，而不是把依賴都聚集在較少的幾台伺服器上。這類網路可以用於多種用途，各種檔案分享軟體已經得到了廣泛的使用。

Point-To-Point

Point-To-Point Protocol (PPP)，一般譯為點對點，工業標準的通訊協定組件，以點對點連結來傳送多重通訊協定資料包。

Point-To-Point Protocol Over Ethernet (Pppoe)，透過單一 DSL 線路、無線裝置或纜線數據機等寬頻連線，將 Ethernet 的使用者連接到網際網路的一種規格。PPPoE 可提供一種有效率的方式，為每位使用者建立不同連線以連接遠端伺服器。

1000BASE-T

- 1000BASE-T (也被稱為 IEEE 802.3ae)。
- 用於銅線的乙太網路標準。

- ◆ 資料傳輸率為 1000 Mbps。
- ◆ 傳輸線品質至少為 CAT-5，需要四對雙絞線。
- ◆ 網段最大可以達到 100 米 (328 英尺)。

🎯 100BASE-TX

- ◆ 100BASE-TX 是 IEEE 802.3u 快速乙太網路標準。
- ◆ 資料傳輸率為 100 Mbps。
- ◆ 使用一個配線集線器，按星型組態鋪設。
- ◆ 電纜使用 CAT-5 UTP 電纜線。
- ◆ 每一網路節點到集線器的電纜長度不能超過 100 公尺 (328 英呎)。

🎯 頻寬 (Bandwidth)

訊號所占據的頻帶寬度；在被用來描述頻道時，頻寬是指能夠有效通過該頻道的訊號的最大頻帶寬度。

對於類比訊號而言，帶寬又稱為頻寬，以赫茲 (Hz) 為單位。

🎯 基頻 (Baseband)

在纜線上傳送訊號時直接以數位式訊號送出，而不用經過調變的動作。同一時間只能傳送一種信號。

MODEM，在 PC 前端是基頻，因電話線傳類比訊號，故需 MODEM 轉換。

🎯 寬頻 (Broadband)

在基本電子和電子通訊上，是描述電子線路能夠同時處理較寬的頻率範圍。

寬頻是一種相對的描述方式，頻帶的範圍愈大，也就是頻寬愈高時，能夠傳送的資料也相對增加。

OECD 2006 年報告稱，任何傳輸速率在 256Kbps 以上的網際網路連線，可稱為寬頻。

🎯 WiMax

WiMax 為無線都會區域網路 (WMAN) 技術，WiMax 無線網路傳輸距離最遠 50 公里。

( ) 01. 網路頻寬 (bandwidth) 指的是同一時間內，網路資料傳輸的速率，下列何者是其常用的單位？
(A) BPS　(B) CPS　(C) FPS　(D) GPS　　　　　　　　[94 統測]

( ) 02. 下列設備中，何者係採用半雙工 (half-duplex) 的模式進行通訊傳輸？
(A) 手機　(B) 電視機　(C) 無線對講機　(D) 收音機　　[93 二技]

( ) 03. 在不同時間可作雙向傳輸，當某一方處於接收狀況時就不能傳送資料是？
(A) 區域網路 (LAN)　　　　　(B) 單工 (Simplex)
(C) 全雙工 (Duplex)　　　　　(D) 半雙工 (Half-Duplex)　[95 技競]

( ) 04. 對於雙絞線、同軸電纜和光纖作為有線傳輸媒介的比較，下列敘述，何者不正確？
(A) 同軸電纜抗雜訊力較雙絞線為佳
(B) 雙絞線傳輸距離最短
(C) 光纖的頻寬最寬，但抗雜訊力最差
(D) 光纖是以光脈衝信號的形式傳輸訊號　　　　　　　[94 統測]

( ) 05. 下列何種數據通信 (Data Communication) 傳輸媒體，具有最佳的雜訊隔離、安全性與傳輸效率？
(A) 同軸電纜　(B) 光纖　(C) 微波　(D) 紅外線　　　[95 統測]

( ) 06. 全球定位系統主要是利用下列哪一項網路傳輸媒介？
(A) 微波　(B) 光纖　(C) 同軸電纜　(D) 紅外線　　　[96 統測]

( ) 07. 下列何者是一種無線網路的傳輸媒介？
(A) 光纖　(B) 紅外線　(C) 雙絞線　(D) 同軸電纜　　[97 統測]

( ) 08. 使用於區域網路的雙絞線，是每對銅線兩兩纏繞在一起，外面用耐磨的絕緣材料包裹而成，請問該雙絞線內含幾對銅線？
(A) 1 對　(B) 2 對　(C) 3 對　(D) 4 對　　　　　　[96 二技]

( ) 09. 下列敘述何者是錯誤的？
(A) 衛星傳輸是一種無線傳輸的方式
(B) 光纖網路是一種無線網路
(C) 使用手機上網是利用無線網路
(D) 使用電話撥接上網是利用有線網路　　　　　　　[90 統測]

(　) 10. 下列哪一種傳輸媒體的有效傳輸距離最短，且易受地形地物之干擾？
　　　　(A) 光纖　　　　　　　　　(B) 紅外線
　　　　(C) 雙絞線　　　　　　　　(D) 同軸電纜　　　　　　　　　[97 統測]

(　) 11. 下列何種區域網路 (Local Area Network) 的佈線方式，係各電腦間經
　　　　由中央控制設備 (例如：集線器或伺服器) 連繫，而易於集中管理？
　　　　(A) 星狀拓樸　　　　　　　(B) 環狀拓樸
　　　　(C) 半圓狀拓樸　　　　　　(D) 匯流排拓樸　　　　　　　　[97 統測]

(　) 12. 下列敘述何者正確？
　　　　(A) 透過網路電話聊天是一種半雙工的資料傳輸方式
　　　　(B) 互動電視是一種半雙工的資料傳輸方式
　　　　(C) AM / FM 廣播是一種全雙工的資料傳輸方式
　　　　(D) 市話是一種全雙工的資料傳輸方式　　　　　　　　　[110 統測]

(　) 13. 關於以 IEEE 802.11 為基礎的無線區域網路 (Wireless Local Area
　　　　Network, WLAN)，下列敘述何者正確？
　　　　(A) 其通訊協定又可分為 802.11 a / 802.11 b / 802.11 g / 802.11 n，其
　　　　　　中以 802.11 a 的「最大傳輸速度」的數值是最大的
　　　　(B) 在應用時，常使用無線基地臺 (Access Point, AP) 這類的設備連上
　　　　　　網際網路
　　　　(C) 3G、4G 或 5G 網路也是使用微波通訊，與 IEEE 802.11 屬於同一
　　　　　　種通訊協定，只是主導發展的國家不同而已
　　　　(D) 只要看到 Wi-Fi 標章，代表該店家提供免費且安全的上網熱點
　　　　　　　　　　　　　　　　　　　　　　　　　　　　[110 統測]

(　) 14. 下列有關類比訊號與數位訊號的比較，何者正確？
　　　　(A) 數位訊號較容易受到電磁干擾
　　　　(B) 數位訊號較不適合進行資料壓縮
　　　　(C) 類比訊號較適合進行資料加密
　　　　(D) 類比訊號在長距離傳輸時較容易失真　　　　　　　　[110 統測]

(　) 15. 下列關於在乙太網路中，所使用的雙絞線 (UTP) 和同軸電纜的敘述，
　　　　何者正確？
　　　　(A) 雙絞線等級 1 的傳輸速率，比雙絞線等級 5 的傳輸速率高
　　　　(B) 雙絞線的最高傳輸速率，比同軸電纜的最高傳輸速率高
　　　　(C) 雙絞線的最大傳輸距離，比同軸電纜的最大傳輸距離遠
　　　　(D) 不同等級的雙絞線的最大傳輸距離都不同　　　　　　[93 統測]

( )　16. 下列有關乙太網路的敘述，何者正確？
　　　　(A) 通常是以衛星通訊作為媒介
　　　　(B) 適合應用在辦公室自動化上
　　　　(C) 都是使用環狀拓撲的連結架構
　　　　(D) 屬於廣域網路的一種　　　　　　　　　　　　　　　[95 統測]

( )　17. 10BaseT 的乙太網路的傳輸速率是？
　　　　(A) 每秒 10Mega bits　　　　　(B) 每秒 10Mega bytes
　　　　(C) 每秒 100Mega bits　　　　(D) 每秒 100Mega bytes　　[90 統測]

( )　18. 乙太網路採用 10BaseT 傳輸規格，其中字母 T 是代表什麼意義？
　　　　(A) 雙絞線　　　　　　　　　(B) 網際網路連線
　　　　(C) 資料傳輸端　　　　　　　(D) 資料傳輸速度　　　　　[97 統測]

( )　19. 有關藍牙 (Bluetooth) 技術的敘述，下列何者正確？
　　　　(A) 主要使用紅外線傳輸
　　　　(B) 為防火牆的主要裝置
　　　　(C) 可作為短距離無線傳輸媒介
　　　　(D) 具有傳輸夾角的限制　　　　　　　　　　　　　　　[95 技競]

( )　20. 以下哪一項名詞非屬於乙太區域網路的線材或界面？
　　　　(A) UTP　(B) STP　(C) RJ-11　(D) RJ-45　　　　　　[97 技競]

( )　21. 以下哪一類無線通訊協定已經成為現有無線區域網路的主流？
　　　　(A) 802.11　(B) 802.16　(C) 藍牙　(D) 紅外線　　　　[97 技競]

( )　22. 下列何者為無線通訊的協定？
　　　　(A) RS－232　(B) IEEE 802.11b　(C) ISA　(D) ADSL　　[96 統測]

( )　23. 目前無線區域網路 (Wireless LAN) 使用的通訊協定是：
　　　　(A) 802.2　(B) 802.3　(C) 802.5　(D) 802.11b　　　　[92 統測]

( )　24. 請問無線電視台至家中電視其信號傳輸之方式，係採用下列哪一種？
　　　　(A) 全雙工　(B) 半雙工　(C) 全多工　(D) 單工　　　　[96 技競]

( )　25. 個人電腦上的 RJ-45 網路介面，可連接到下列何種網路？
　　　　(A) 無線網路
　　　　(B) 乙太網路
　　　　(C) 公眾電信交換網路
　　　　(D) 光纖分散資料介面(FDDI)網路　　　　　　　　　　[96 二技]

( ) 26. 下列何者是無線區域網路 (WLAN) 通訊無法避免的缺點？
     (A) 無線網路節點無法移動
     (B) 無線網路連線費用高
     (C) 無法網路漫遊
     (D) 無線電波彼此干擾   [94 統測]

( ) 27. 下列何者不屬於無線網路的範疇？
     (A) IEEE 802.11b   (B) 光纖
     (C) 微波   (D) 藍牙技術   [95 統測]

( ) 28. 「藍牙 (Bluetooth)」是屬於下列哪一方面的技術？
     (A) 數位影像   (B) 無線通訊
     (C) 模擬訓練   (D) 人工智慧   [93 統測]

( ) 29. 下列關於 GPRS、802.11b、WAP (Wireless Application Protocol) 及藍
     牙 (Bluetooth) 的敘述，何者不正確？
     (A) 四者之中，藍牙的有效傳輸距離最短
     (B) 四者之中，WAP 傳輸速率最低
     (C) 四者之中，802.11b 傳輸速率最高
     (D) GPRS 傳輸速率可達 11Mbps   [94 統測]

( ) 30. RFID (radio frequency identification) 是一種通過無線電波識別特定物
     品的技術，下列何者不是使用 RFID 技術的優點？
     (A) 可進行商品的追蹤
     (B) 可增進商品銷售率
     (C) 可降低商品失竊率
     (D) 可使商品庫存盤點自動化   [95 二技]

( ) 31. 下列何者最符合「藍牙」技術的目的？
     (A) 讓資訊設備無線傳輸資料
     (B) 改善辦公室空氣品質
     (C) 減少資訊設備耗電量
     (D) 增進網站曝光機率   [96 統測]

( ) 32. 下列何者為美國電機電子工程師協會 (IEEE) 所制訂的無線區域網路
     標準？
     (A) 802.3   (B) 802.4   (C) 802.5   (D) 802.11   [97 統測]

( )　33. 下列何者是無線區域網路 (WLAN) 通訊不容易避免的缺點？
　　　　(A) 無線網路節點無法移動
　　　　(B) 無線網路連線費用高
　　　　(C) 無線電波彼此干擾
　　　　(D) 無法網路漫遊　　　　　　　　　　　　　　　　　　　　　[95 技競]

( )　34. 以下哪一種無線通訊協定之傳輸距離可達 50 公里、傳輸速度可達
　　　　75Mbps？
　　　　(A) Wi-Fi　　(B) WiMAX　　(C) 藍牙　　(D) 紅外線　　　[97 技競]

( )　35. 傳統類比式有線電視，一條線路能夠同時傳送多個視訊頻道，此種訊
　　　　號傳送方式稱為：
　　　　(A) 基頻 (base band)
　　　　(B) 寬頻 (broadband)
　　　　(C) 同步傳輸 (synchronous)
　　　　(D) 非同步傳輸 (asynchronous)　　　　　　　　　　　　　　[95 二技]

( )　36. 下列何者不屬於「寬頻」上網？
　　　　(A) 56K 數據機撥接上網　　　(B) ADSL
　　　　(C) Cable Modem　　　　　　(D) 申請 T1 專線　　　　　　　[丙檢]

( )　37. 在「數位的傳輸頻道」中，其頻道的「頻寬」係指下列何者？
　　　　(A) 傳輸線的粗細
　　　　(B) 速度每秒多少個位元 (bps)
　　　　(C) 頻道的最高頻率和最低頻率的差
　　　　(D) 網路卡的傳輸能力　　　　　　　　　　　　　　　　　　　[丙檢]

( )　38. 在「數位的傳輸方式」中，其「傳輸速率」係指下列何者？
　　　　(A) 傳輸線的粗細
　　　　(B) 速度每秒多少個位元 (bps)
　　　　(C) 頻道的最高頻率和最低頻率的差
　　　　(D) 網路卡的傳輸能力　　　　　　　　　　　　　　　　　　　[丙檢]

( )　39. 下列敘述何者是錯誤的？
　　　　(A) 衛星傳輸是一種無線傳輸的方式
　　　　(B) 光纖網路是一種無線網路
　　　　(C) 使用手機上網是利用無線網路
　　　　(D) 使用電話撥接上網是利用有線網路　　　　　　　　　　　　[90 統測]

( ) 40. 在通訊科技發達的今日，網路已由基頻 (Baseband) 邁向寬頻 (Broadband)。下列有關基頻與寬頻的敘述，何者不正確？
(A) 基頻或寬頻係取決於使用的傳輸媒體
(B) 寬頻以類比訊號傳輸資料，同一時間能傳輸文字、聲音與視訊等
(C) 寬頻網路可以提供遠距教學、虛擬實境與線上電玩等服務
(D) 有線電視網 (Cable Network) 與非對稱用戶迴路 (ADSL) 都是屬於寬頻網路　　　　　　　　　　　　　　　　　　　　　　[91 統測]

( ) 41. 在同一時間內，一條傳輸線允許傳送多個通道之訊號的傳輸模式，稱之為？
(A) 窄頻　(B) 基頻　(C) 寬頻　(D) 展頻　　　　　　　　[97 技競]

( ) 42. 在同一時間內，一條傳輸線只能傳送單一訊號的傳輸模式，稱之為？
(A) 窄頻　(B) 基頻　(C) 寬頻　(D) 展頻　　　　　　　　[97 技競]

( ) 43. 網際網路 (Internet) 是依據下列哪一種資料交換技術運作？
(A) 分封交換 (packet switching)
(B) 電路交換 (circuit switching)
(C) 數位交換 (digital switching)
(D) 訊息交換 (message switching)　　　　　　　　　　　　[93 統測]

( )44. 在通訊科技發達的今日，網路已由基頻 (Baseband) 邁向寬頻 (Broadband)。下列有關基頻與寬頻的敘述，何者不正確？
(A) 寬頻網路可以提供遠距教學、虛擬實境與線上電玩等服務
(B) 有線電視網 (Cable Network) 與非對稱用戶迴路 (ADSL) 都是屬於寬頻網路
(C) 基頻或寬頻係取決於使用的傳輸媒體
(D) 寬頻以類比訊號傳輸資料，同一時間能傳輸文字、聲音與視訊等
　　　　　　　　　　　　　　　　　　　　　　　　　　　[91 統測]

( ) 45. 下列何者不屬於「寬頻」上網？
(A) 56K 數據機撥接上網　　　(B) Cable Modem
(C) ADSL　　　　　　　　　　(D) 申請 T1 專線　　　　　[丙檢]

( ) 46. 下列何者是利用有線電視的頻道做為資料傳輸的媒介？
(A) ISDN　(B) ADSL　(C) ATM　(D) Cable Modem ADSL　[丙檢]

( ) 47. 下列何者不屬於通訊媒介中的無線網路？
(A) 光纖　(B) 微波　(C) 紅外線　(D) 無線電

(　) 48. 以下對寬頻技術的形容，何者為非？
(A) 同樣是使用家中電話線，申請 ADSL 後，能同時打電話及上網，是拜寬頻技術之賜
(B) 寬頻是以數位訊號方式傳輸
(C) ADSL、CABLE 及衛星均屬於寬頻傳輸
(D) 有線電視系統能同時傳送數十個頻道的節目乃是因為使用寬頻技術

(　) 49. 通訊頻道想要獲取最佳效能，應該滿足下列哪一個條件？
(A) 頻寬要大，延遲時間要短　　(B) 頻寬要小，延遲時間要長
(C) 頻寬要大，延遲時間要長　　(D) 頻寬要小，延遲時間要短
[107 統測]

(　) 50. 下列有關基頻傳輸 (Baseband Transmission) 與寬頻傳輸 (Broadband Transmission) 的敘述何者錯誤？
(A) 基頻傳輸使用數位訊號來傳送資料
(B) 基頻傳輸通常具有多個頻道
(C) 寬頻傳輸常用於廣域網路
(D) 寬頻傳輸常用於有線電視
[105 統測]

(　) 51. 若網路傳輸速度是 56Kbps，每分鐘可傳送多少資料量？
(A) 56Kbits　　　　　　(B) 56Kbytes
(C) 3360Kbytes　　　　(D) 420Kbytes
[103 統測]

(　) 52. 關於我們平日所使用的「健保 IC 卡」，下列敘述何者正確？
(A) 需透過接觸方式讀取資料
(B) 需透過藍牙技術讀取資料
(C) 需透過紅外線讀取資料
(D) 需透過 RFID 技術讀取資料
[103 統測]

(　) 53. 關於電腦設備之間的傳輸模式，下列敘述何者正確？
(A) 電腦和 SATA 磁碟機之間為全雙工、電腦和電腦之間為全雙工、電腦和鍵盤之間為單工
(B) 電腦和 SATA 磁碟機之間為半雙工、電腦和電腦之間為全雙工、電腦和鍵盤之間為單工
(C) 電腦和 SATA 磁碟機之間為半雙工、電腦和電腦之間為全雙工、電腦和鍵盤之間為半雙工
(D) 電腦和 SATA 磁碟機之間為全雙工、電腦和電腦之間為半雙工、電腦和鍵盤之間為單工
[103 統測]

( ) 54. 某 8 位元串列通訊協定速度為 9600bps，且每傳送一位元組，另需使用一個起始位元和一個結束位元，使用此通訊協定來傳送 4800Bytes 的資料，需費時多少秒？
(A) 5.5 秒　(B) 5 秒　(C) 4 秒　(D) 0.2 秒　　　[103 統測]

( ) 55. 下列哪一種應用程式可撥打市話與他人即時交談？
(A) Facebook　　　　　　(B) Microsoft Outlook
(C) BBS　　　　　　　　(D) Skype　　　　　　[105 統測]

( ) 56. 微網誌是一種允許使用者用更簡短的文字，來發表自己的心情與生活事物的訊息。以下何者不是微網誌？
(A) 微博 (Weibo)
(B) Google 協作平台 (Google Sites)
(C) 噗浪 (Plurk)
(D) 推特 (Twitter)　　　　　　　　　　　　　[105 統測]

( ) 57. 大雄家中網路下載/上傳的速率為 6Mbps/2Mbps，他從教育部網站下載一個 12MBytes 的檔案後，立刻將該檔案上傳給小明同學。下載與上傳該檔案資料總共約需要多少的資料傳輸時間？
(A) 8 秒　　　　　　　　(B) 32 秒
(C) 64 秒　　　　　　　(D) 96 秒　　　　　　[104 統測]

( ) 58. 下列哪一種通信媒體最適用於長距離直線傳播？
(A) 廣播無線電波　　　　(B) 紅外線
(C) 微波　　　　　　　　(D) 紫外線　　　　　　[102 統測]

( ) 59. ADSL 的頻寬速度通常以「下載速度/上傳速度」來表示。在不同通訊標準中，會有不同下載速度/上傳速度，下列何者為不正確的頻寬速度？
(A) 1.5Mbps/8Mbps　　　(B) 1.5Mbps/512Kbps
(C) 24Mbps/3.5Mbps　　(D) 8Mbps/896Kbps　　[102 統測]

( ) 60. 以固定專線上網費用昂貴，但傳輸速度快且品質穩定，下列何者最適合？
(A) ADSL　　　　　　　(B) Cable Modem
(C) T3　　　　　　　　(D) 4G　　　　　　　[105 統測]

( ) 61. 以下有關連接網際網路的方式說明，何者正確？
(A) ADSL 採用非對稱速率傳輸模式，例如速率標示為 5M/384K 的 ADSL 網路系統，其下載速率可達 5Mbps，上傳速率可達 384Kbps
(B) Cable Modem 可支援非對稱速率傳輸模式，例如速率標示為 8M/512K 的 Cable Modem 網路系統，其上傳速率可達 8Mbps，下載速率可達 512Kbps
(C) ADSL 使用家用電話線路連上網際網路，因此無法在同一時間連線上網並使用家用電話機打電話
(D) Cable Modem 使用有線電視業者提供的有線電視纜線連上網際網路，因為該條有線電視纜線屬於單一用戶專屬使用，Cable Modem 的傳輸速率相當穩定，不會因連線用戶增加而降低傳輸速率

[109 統測]

( ) 62. 關於 Radio Frequency IDentification (RFID) 無線傳輸技術現有應用之情境，下列何者尚未被廣泛應用？
(A) 賣場的商品販售
(B) 電子票證如捷運悠遊卡或一卡通
(C) 無人圖書館的書籍借閱與歸還
(D) 金融卡自 ATM 自動提款機提取現金   [105 統測]

( ) 63. 行動支付時代來臨，運用近場通訊 (Near Field Communication, NFC) 的手機錢包與下列哪一項技術最相關？
(A) 全球互通微波存取 (WiMAX)
(B) 第四代行動通訊技術 (4G)
(C) 條碼 (BarCode)
(D) 無線射頻識別 (RFID)   [106 統測]

🎯 ITS 考題觀摩

( ) 01. 在無線網路中，SSID 的功用是什麼？
(A) 無線基地台 (AP) 廣播識別碼
(B) WAN 加密通訊協定
(C) 預設通訊協定
(D) 預設系統管理帳戶

( ) 02. 哪種網路裝置主要功能是將媒體存取控制 (MAC) 位址與連接埠產生
關聯？
(A) 數據機　　　　　　　　(B) 交換器
(C) 集線器　　　　　　　　(D) 路由器

( ) 03. 哪種媒體類型最不容易受到電磁、射頻等外部干擾的影響？
(A) 光纖　　　　　　　　　(B) STP
(C) UTP　　　　　　　　　(D) 無線網路

( ) 04. 哪一種無線網路的驗證方法相對較為安全？
(A) MAC　　(B) WEP　　(C) WPA2　　(D) OPEN

( ) 05. 透過一個在唯一地點的私人無線網路交換資料，是哪一種類型網路？
(A) 外部網路　　(B) 外部網路　　(C) 內部網路　　(D) 網際網路

( ) 06. 要求你設定電腦網路
網路要求如下：
- 公開網頁伺服器
- 供客戶使用的無線網路
- 供銷售點終端機使用的私人網路
- 檔案/列印伺服器
- 網路印表機

需要設定周邊網路以保護內部私人網路安全，客戶將會連線至周邊網
路應該在周邊網路中加入哪兩個選項？
(A) 網頁伺服器　　　　　　(B) 銷售點終端機
(C) 檔案伺服器　　　　　　(D) 網路印表機
(E) 無線網路存取

( ) 07. 設定兩個辦公室之間的連線，你想要有最快的連線寬頻，應該使用何
種類型連線？
(A) T1　　(B) DSL　　(C) Cable Modem　　(D) PSTN

( ) 08. 如果 802.11g 無線網路受到干擾，可能原因為下列哪項？
(A) 無線電話　　(B) 電腦監視器　　(C) 行動電話　　(D) 白熾燈

( ) 09. 在無線網路中哪種標準包含對 RADIUS 驗證伺服器的支援？
(A) 802.1X　　(B) WEP　　(C) WPA2　　(D) OPEN

( ) 10. 路由器的功能是什麼？
(A) 在不同媒體類型間提供連線
(B) 讓子網路加入大型廣播網域
(C) 解析 MAC 與 IP 位址
(D) 將資料封包導向目的地

( ) 11. 下列何者可能會對 UTP 纜線傳輸造成外部干擾？
(A) 行動電話　　　　　(B) 無線存取點
(C) 串音 (cross-talk)　　(D) 大型電動馬達

( ) 12. 使用 STP 來代替 UTP 纜線架設網路的理由是什麼？
(A) 穿越外部干擾很高的區域
(B) 需要輕便的纜線
(C) 想要降低成本
(D) 縮小訊號衰減

( ) 13. 100BASE-TX 網路的最低線材需求是下列何者？
(A) Cat. 6 UTP 纜線　　(B) 多模光纖纜線
(C) Cat. 3 UTP 纜線　　(D) Cat. 5 UTP 纜線

( ) 14. 家庭網路纜線至少需要支援 300Mbps 時，下列哪種規格最便宜？
(A) Cat. 3　(B) Cat. 5　(C) Cat. 5e　(D) Cat. 6

( ) 15. 哪一協助可將 IP 位址對應至 MAC 位址？
(A) RIP　(B) DNS　(C) ARP　(D) RARP

( ) 16. 在網路中配置多個 VLAN 的原因之一是下列哪個？
(A) 增加可用 IP 位址數量
(B) 增加可用 MAC 位址數量
(C) 減少廣播網域中的節點數量
(D) 減少廣播網域的數量

( ) 17. 媒體存取控制 MAC 位址的用途是？
(A) 管理共用網路資源的權限
(B) 唯一識別實體網路裝置
(C) 識別連至網際網路的裝置
(D) 在區域網路 LAN 上提供路由位址

( ) 18. 哪個是無線網路訊號衰減的原因？
(A) 訊號的加密方式　　　　(B) 行動電話的干擾
(C) 連線的無線節點數目　　(D) 與存取點之間的距離

( ) 19. 需要在兩個相距六英里/十公里地點之間安裝網路纜線，需使用哪個項目？
(A) 多模光纖　(B) 單模光纖　(C) Cat. 5e　(D) Cat. 6

( ) 20. 1000BASE-T 標準的纜線最大長度？
(A) 1000m　(B) 500m　(C) 250m　(D) 100m

( ) 21. 位址解析通訊協定 ARP 表是用來將何者對應至主機名稱
(A) MAC 位址　(B) FQDN　(C) NETBIOS　(D) IP 位址

( ) 22. 光纖纜線具有哪兩個特性
(A) 端點連接器需要拋光　　(B) 易受電磁干擾影響
(C) 沒有衰減損失　　　　　(D) 需要金屬導管
(E) 支援接合

( ) 23. 哪種無線加密最容易遭到攔截和解密？
(A) WEP　　　　　　　　　(B) WPA-AES
(C) WPA2　　　　　　　　　(D) WPA-PSK

( ) 24. 無線網路有什麼安全性的疑慮需要考量？
(A) 頻率調變的問題　　　　(B) 潛在的串音 (cross-talk) 問題
(C) 無法加密傳輸　　　　　(D) 無線電廣播存取方法

( ) 25. 某間大學具有各種位置之間的網路連接，請問下列何種適用 T3 連線？
(A) 伺服器與主校區伺服器機房的網路
(B) 圖書館筆記型電腦與網際網路
(C) 主校區與大型衛星校區
(D) 電腦實驗室中電腦與印表機

( ) 26. 你必須在你的公司製造工廠，鋪設四段乙太網路，每段約為 125 英尺/38 公尺，每段都會經過重型製造設備附近區域，你必須要確保降低干擾程度，請問你應該要選擇哪一種類型的纜線？
(A) STP Cat5E　　　　　　(B) UTP Cat5E
(C) UTP Cat6E　　　　　　(D) Cat 3

( )　27. 在兩個相距約 6 英里/10 公里的地點之間，安裝網路纜線，你應該要選擇？

(A) 多重模式光纖　　(B) 單一模式光纖　　(C) Cat5E　　(D) Cat6E

( )　28. 使用 STP，而不使用 UTP 纜線，來架設網路擴充線路的理由是什麼？

(A) 想降低安裝成本

(B) 要縮小訊號衰減

(C) 你正在穿越外部干擾很高的區域

(D) 需要柔韌的纜線

( )　29. 將 mac 位址解析為 ip 位址？

(A) TCP　　(B) UDP　　(C) ARP

( )　30. 下列物聯網的敘述何者正確？

(A) IOT 裝置有 IP 位址

(B) 可利用應用程式開啟的智慧型恆溫器和燈泡是 IOT 的範例

(C) IOT 裝置需要與人互動才能與網路通訊

31. 下列敘述正確選"是"，錯誤選"否"。

(是 / 否)　(A) 802.11n 支援使用多重天線進行同時多重輸出 (MIMO)

(是 / 否)　(B) 802.11n 會使用訊息框聚合 (frame aggregation) 來提高效率

(是 / 否)　(C) 802.11n 會使用通道接合 (channel bonding) 來同時使用兩個通道，讓頻寬加倍

32. 下列敘述正確選"是"，錯誤選"否"。

你的公司即將搬遷到臨時的辦公空間，而建築物的一部分正在翻新，你想要設定將會連線至你的有線區域網路的無線網路，你需要比較無線連線選項。

(是 / 否)　(A) 臨機操作網路是對等式網路組態

(是 / 否)　(B) 臨機操作網路支援 WEP，WPA 跟 WPA2 安全性

(是 / 否)　(C) 無線存取點 WAP 網路需要有線路由器或交換器，才能連線至有線網路

(是 / 否)　(D) 無線存取點 WAP 網路比臨機操作網路更安全

33. 下列敘述正確選"是"，錯誤選"否"。

(是 / 否)　(A) 無線橋接器會將乙太網路架構的裝置連接到網路

(是 / 否)　(B) 無線橋接器會提高存取點的無線訊號強度

(是 / 否)　(C) 無線橋接器永遠都是成對運作

34. 你的公司正在將無線區域網路升級最新的 802.11 標準，所有的 802.11N 無線存取點 (WPA) 都會取代為 802.11acWAP。

(是 / 否)　(A) 802.11ac 與 802.11a/b/g/n 回溯相容

(是 / 否)　(B) 802.11ac WAP 在 2.4GHz 和 5GHz 的頻帶上支援同時傳輸

(是 / 否)　(C) 802.11ac 的最大頻寬是 1.3Gbps

35. 請將纜線用途與支援的最大纜線長度配對

40km ·　　　　　· 10G BaseT 單一模式光纖

555m ·　　　　　· 10G BaseT CAT6

168m ·　　　　　· 1000 BaseT CAT6

100m ·　　　　　· 10G BaseT CAT5

36. 請將描述與答案做配對。

UDP ·　　　　　· 不需連線的訊息架構通訊協定，提供盡力而為的服務

TCP ·　　　　　· 連線導向的通訊協定，提供保證的服務

ARP ·　　　　　· 將 IP 位址解析為 MAC 位址

4

網路的通訊協定

學習重點

- 4-1 通訊協定
- 4-2 OSI 的七層網路架構
- 4-3 TCP/IP 通訊協定
- 4-4 IPv6

4-1 通訊協定

在網路通訊中,如果主機 A 要將一個資料送給主機 B,它們就必須使用相同的通訊協定。這些資料信息都要經過轉換,就必須要使用通訊協定來確保所有參與者,能夠彼此理解對方和進行有效的溝通。在網路的術語中,有很多的代碼,讓人一看就可知是何種意義,例如:orz (五體投地)、520 (我愛你)、995 (救救我)、881 (bye-bye)、:-) (笑臉)、:- ((哭臉)、:-P (吐舌頭) 等,這就是簡易的通訊協定。

4-1-1 網路通訊協定

所謂網路通訊協定 (Protocol) 就是網路上各機器共同遵守的一套溝通規則。也就是說電腦網路通訊時,通訊雙方必須遵守的資料格式與時序稱為協定。依此則可使網路上廠牌、不同系統的電腦,達到交換資料的通訊目的。

目前網路常用的通訊標準如下:

1. **NetBEUI (Network Basic Input/Output System)**

   網路基本輸入輸出系統:由 IBM 發展出來的小型網路協定,供數十台電腦甚至更小的網路,NetBEUI 卻有一個最致命的弱點就是它不是路由 (routable) 協定,也就是不能夠和其它網路的機器對講。

2. **TCP/IP (Transmission Control Protocol (TCP) 及 Internet Protocol (IP)**

   傳輸控制協定/網際網路協定:透過目前的網際網路的流行,是現行協定中用途最廣的協定之一,它嘗試在所有硬體上實現所有事情。

3. **IPX/SPX (Internetwork Packet Exchange (IPX),Sequenced Packet Exchange (SPX))**

   網際網路封包交換/循序封包交換:是由 Novell 公司發展出來的專屬通訊協定。

4. **AppleTalk**

   「蘋果電腦」網路互連通訊協定的代名詞,它採用「端點-對-端點」,對等式的網路模型,並提供基本的網路功能,例如檔案及印表機的共享。

5. **WAN**

廣域網路通訊協定：有 X.25、Frame-relay、ISDN…等等，其中 X.25 是網路層標準。現行的公共數據網路，以分封式資料傳輸，讓多個使用者可以共用電信局所建構的網路。

6. **ISDN (Intergred Service Digital Network)**

整體服務數位網路：ISDN 網路可分為基本 (Basic Rate) 及原級 (Primary Rate) 兩種通訊速率。基本速率為 64Kbps，原級速率為 1. 544 Mbps，供語音、數據、影像之同時通訊。

7. **PPP、SLIP、PLIP 等通訊協定**

PPP (端點-對-端點-通訊協定)，SLIP (串列線路使用 IP)，以及 PLIP (並列線路使用 IP) 等通訊協定支援。

4-1-2 階層式通訊協定

以前在無電腦時代，遠地的人要利用書信溝通，有先寫信的人將自己心中的話透過筆與紙寫出，再將信件裝入信封袋中，由專人或是郵差將信送至收信人，等信人收到信件後，將其拆開再透過文字轉換成對方的言語，這種傳統的書信方式，其實就是現在網路通訊的階層式架構。

⬆ 人類信件通訊階層式流程

一般人心中有話對另一個人表達時，如果是朋友或同事，就會直接聊天溝通。如果是同學，一般使用傳紙條方式。如果是情人，一般都將信裝入特製的信封，再送給他。因此如果每一層都可以獨立出來，就可以省下後面的步驟，這就是現今網路中的階層式通訊概念。

4-2 OSI 的七層網路架構

國際標準組織 (International Organization for Standardization，ISO) 制定了一個標準的通訊協定架構，提出了開放式系統互聯 (Open System Interconnection，OSI)。

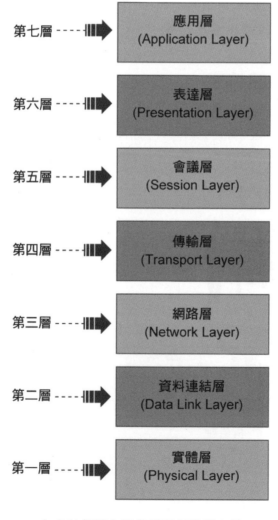

第七層 ----▶ 應用層 (Application Layer)

第六層 ----▶ 表達層 (Presentation Layer)

第五層 ----▶ 會議層 (Session Layer)

第四層 ----▶ 傳輸層 (Transport Layer)

第三層 ----▶ 網路層 (Network Layer)

第二層 ----▶ 資料連結層 (Data Link Layer)

第一層 ----▶ 實體層 (Physical Layer)

⬆ OSI 網路七層架構及各階層名稱

七層架構中最上 3 層 (第五層至第七層) 為應用軟體層，第四層為傳輸層作為上 3 層及下 3 層溝通轉換的介面層，最下面 3 層 (第一層至第三層) 為實體層，為實際硬體規範。

分層的優點有：

◆ 降低複雜度	◆ 溝通化技術	◆ 可簡化學習
◆ 標準化介面	◆ 可加速變革	
◆ 模組化工程	◆ 可簡化教育	

4-2-1 OSI 七層的功能

◆ **第一層：實體層**。主要包含三項工作：

- 傳輸資訊的實體介質規格訂定
- 將資料以實體呈現成傳輸規格訂定
- 各種傳輸接頭規格訂定

◆ **第二層：連結層**。主要包含三項工作：

- 連線同步化
- 資料偵錯
- 制定媒體存取控制方式

◆ **第三層：網路層**。主要包含兩項工作：

- 定址規範
- 選擇路徑傳送

◆ **第四層：傳輸層**。主要包含三項工作：

- 編訂封包序號
- 控制資料流量
- 資料偵錯與錯誤處理

◆ **第五層：會議層**。主要包含兩項工作：

- 建立傳輸規則
- 訂定溝通方式

- ◆ **第六層：表達層。**主要包含三項工作：
  - 資料內碼轉換
  - 資料壓縮解壓縮
  - 資料加密與解密

- ◆ **第七層：應用層。**主要包含一項工作：
  - 提供各類應用軟體服務給使用者

各階層的功能及相關技術，可由下表來說明：

層級	中英文	各層功能	相關應用技術及設備
七	應用層 (Application Layer)	負責使用者與網路間的溝通	WWW、E-mail、FTP、Telnet、IE 等軟體
六	表達層 (Presentation Layer)	負責將資料轉換成使用者看的懂得格式	壓縮、解壓縮、加密解密等
五	交談層 (Session Layer)	負責使用者連線時登入的管理	帳號、密碼、連線與否
四	傳輸層 (Transport Layer)	負責監督資料封包傳輸的正確性及可靠性	TCP/IP 的通訊協定
三	網路層 (Network Layer)	負責建立、維護、結束兩傳輸點的管理與路徑規畫等工作	TCP/IP 的通訊協定 路由器
二	資料連結層 (Data Link Layer)	負責將資料封包後傳送及偵測是否有傳輸錯誤	交換式集線器 橋接器 CSMA/CD (多重存取/碰撞偵測)
一	實體層 (Physical Layer)	負責定義網路傳輸媒介的各種設備規格	傳輸媒介、網路卡、集線器、中繼器

 註解

載波偵聽多路存取 (Carrier Sense Multiple Access，CSMA)

1. 工作在 OSI 參考模型的資料鏈路層的介質存取控制子層。是一種搶占型的半雙工介質存取控制協定，採用分散式控制方法。

2. 載波偵聽 (Carrier Sense，CS)：指任何連線到介質的裝置在欲傳送影格前，必須對介質進行偵聽，當確認其空閒時，才可以傳送。

3. 多路存取 (Multiple Access，MA)：指多個裝置可以同時存取介質，一個裝置傳送的影格也可以被多個裝置接收。

4-2-2 OSI 通訊原理

在 OSI 通訊協定中，資料是由第七層應用層產生，再由下層一層一層的處理，每經過一層就會在資料的封包前端加上該層的資訊，這些資訊稱為層級表頭 (Header)，加完表頭後就將封包往下一層送，到實體層時，再透過網路卡、網路線、傳輸媒介 (雙絞線、同軸電纜、光纖等) 傳送到對方，這種通訊方式就是前面所談的傳統寄信原理一樣。

接收端接受到資料後，由第一層開始將本層的表頭去掉，在一層一層往上傳送，一直到達最上層，資料便呈現最初傳送的資料內容，這些步驟和前面所談的傳統收信原理一樣。

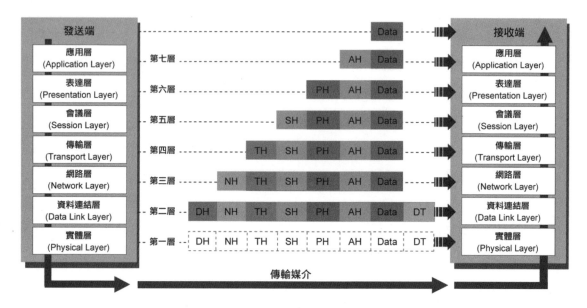

⬆ OSI 網路七層信號封包傳送流程

如圖說明：

- ◆ AH：代表應用層表頭
- ◆ PH：代表表達層表頭
- ◆ SH：代表會議層表頭
- ◆ TH：代表傳輸層表頭

- ◆ NH：代表網路曾表頭
- ◆ DH：代表資料連結層表頭
- ◆ DT：代表資料連結層檔尾

假設右邊為傳送端之電腦應用層的應用程式，例如瀏覽器程式將 Data 加上表頭 AH 後傳給下一層 (第六層表達層)，表達層將收到的資料再加上表頭 PH 再往下一層 (第五層會議層) 傳送，往下幾層依此類推，最後在實體層加上表頭 (DH) 及檔尾 (DT) 後，由傳輸媒介傳送到接收端電腦。

接收端接收到這些加表頭及檔尾的資料訊息後，依序往上層傳送並拆除表頭及檔尾，最後於應用層的應用程式，例如瀏覽器取得 Data。

4-3 TCP/IP 通訊協定

TCP/IP」是 Transmission Control Protocol (TCP) 和 Internet Protocol (IP) 的簡稱。TCP/IP 是一個開放的標準，任何人均可自由的下載和 TCP/IP 相關的技術標準和文件。

4-3-1 TCP/IP

網際網路通訊協定在二十年前原是美國國防部 (DoD) 發展出來的，目的只是用在不同廠牌電腦之間的互連。TCP/IP 通訊協定堆疊，採用階層式的結構，以便將應用程式與網路硬體隔離開來。

TCP/IP 階層式架構：

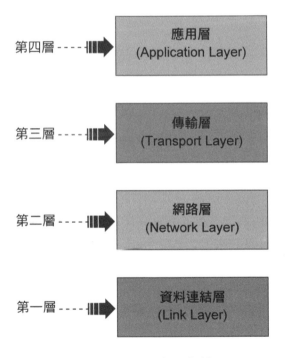

第四層 ---- 應用層 (Application Layer)

第三層 ---- 傳輸層 (Transport Layer)

第二層 ---- 網路層 (Network Layer)

第一層 ---- 資料連結層 (Link Layer)

☝ TCP/IP 四層及各層名稱

◆ **第一層：連結層**
又稱網路介面層 (Network Interface Layer)，負責對硬體溝通。

◆ **第二層：網路層**
又稱為網際網路層 (Internet Layer)，決定資料如何傳送至接收端。

◆ **第三層：傳輸層**

又稱為主機對主機層 (Host-to-Host Layer)，負責傳輸過程中流量管制，錯誤處理及資料重傳。

◆ **第四層：應用層**

提供應用程式之服務。

TCP/IP 在設計之初，即定義了三大類的服務：

1. **連線服務**

運作於網路最底層，指示資料如何自一台電腦經由網路連線媒介傳遞到另一台電腦。連線服務並不保證資料能以正確的順序抵目的地，甚至無法保證資料能到達目的地。

2. **傳輸服務**

運作於網路中間層，可增強上述的連線服務，以提供完整可靠的通訊品質。

3. **應用服務**

位於網路最高層，可讓一台電腦上的應用程式與另一台電腦上類似的程式交談，執行如檔案拷貝、上傳下載等工作。應用服務必須靠連線服務和傳輸服務來達到可靠而有效率的服務品質。

TCP/IP 優點：

◆ **容錯能力高**

在網路傳輸過程中，有著不可預期的錯誤，例如信號干擾導致資料傳輸錯誤，此時會自動要求重新傳送資料，並且會走不同路徑傳送。

◆ **優良的復原能力**

當初設計時是作為軍事用途，因此如有一小段網路毀損仍然可正常運作。另外在更新軟體時，仍然可以在更新的過程中正常運作。

◆ **新增子網域時，不影響原網路運作服務**

加入新的子網域時，TCP/IP 能夠很容易加入新的子網域，並更新 Internet。

◆ **與網路種類或製造廠商無關**

TCP/IP 最主要目的就是連結不同系統，所以把網路中的電腦都是為節點，所以非關廠商及種類，依然可以進行通訊。

◆ **額外資料負擔小**

傳送資料時必須加入一些表頭，因為將通訊協定 7 層變成 4 層，資料量減少，網路傳輸負擔小。

4-3-2 OSI 與 TCP/IP 對照

了解 TCP/IP 的各層功能及優點，接下來比較一下 TCP/IP 與 OSI 有何不同，如表：

OSI	TCP/IP	
應用層 (Application)	應用層 (Application)	FTP、HTTP、SMTP、SNPT、NSF 等
表現層 (Presentation)		
會談層 (Session)		
傳送層 (Transport)	傳送層 (Transport)	TCP、UDP
網路層 (Network)	網路層 (Network)	IP、ICMP、IGMP、ART、RARP
資料連結層 (Data Link)	連結層 (Link)	Ethernet、Token、FDDI 等 (IEEE 802)
實體層 (Physical)		

從上表得知，TCP/IP 應用層對應至 OSI 的應用層、表現層、會談層，傳送層對應至傳送層，網路層對應至網路層，連結層對應至資料連結層及實體層。

4-3-3 IP 協定

網際網路通訊協定 (Internet Protocol，IP)，當每一台連上 Internet 的電腦都有一個獨一無二的位址，以方便彼此區分與辨識，這個位址就是 IP 位址 (IP Address)。網路中位址有兩種，一種是 IP 位址，另一個是網卡的出廠識別位址 (Media Access Control；MAC)，IP 使用者可以更改，而 MAC 是以 48 位元表示，出廠時已燒錄至網卡，使用者無法修改，兩者都是獨一無二的位址。

目前我們所使用的 IP 位址為第四版 IP 位址，一般稱為 IPv4 位址。陸續發展 IPv5、IPv6，IPv5 是提供給 Stream Protocol 實驗協定使用，而 IPv6 則是 IPv4 的擴充，為因應位址數量不敷使用的問題，在標頭格式也提供動態欄位設定。

IPv4 位址是由 32 位元所組成,一般以 8 位元為單位 (octet) 將 32 位元分成四部份,彼此間以 "." 做區隔,例如:

二進制 IP 為 11000000.10101000.11110000.11001000,則:

11000000.	10101000.	11110000.	11001000
128 64 32 16 8 4 2 1	128 64 32 16 8 4 2 1	128 64 32 16 8 4 2 1	128 64 32 16 8 4 2 1
128+64=192	128+32+8=168	128+64+32+16=240	128+64+8=200
192	168	240	200

"11000000.10101000.11110000.11001000",此即為「加點二進位表示法 (dotted binary notation)」,由於二進位表示法太長不易記憶,故通常使用十進位來表示,上述的二進位 IP 位址即可表示成 "192.168.240.200" (把有 1 的權值加起來),此即為「加點十進位表示法 (dotted decimal notation)」。由於每一部份均由 8 位元所組成,故每個十進位值均介於 0 ~ 255 之間。

電腦只認識【0】與【1】,每組有 = 256 個位址,因為在標示上採用 10 進位法,所以每組數字介於 0 跟 255 之間。例如,【192.168.240.200】就是一個 IP 位址,它分成【192】、【168】、【240】、【200】四組數字,中間以【.】點來分隔。

IP 位址主要分為兩部份:網路位元 (Network bits) 和主機位元 (Host bits)。網路位元主要是用來辨識其 IP 位址是屬於哪一個網路系統;而主機位元則是用來辨識其 IP 位址在其所屬的網路系統中是屬於哪一台電腦主機。

> IP 位址 = 網路識別位元 + 主機位址位元

IP 位址區分為 A、B、C 三級,D 級目前為實驗性多點投射 (multicast) 位址,E 級則保留作為未來發展之用。分別說明如下:

 Class A

0NNNNNNN.NNNNNNNN.	HHHHHHHH.HHHHHHHH
網路識別 ID(7bit)	主機識別 ID(24bit)

Class A IP 位址的最左邊位元固定為 "0",後接 7 個網路位元及 24 個主機位元。由於有 7 個網路位元 "0NNNNNNN",故可提供 2^7=128 個網路系統,該位元組的十進位則介於 0 ~ 127 之間,其中 0 和 127 兩個網域做特殊用途使用,另外保留網域

"10.0.0.0"，提供給企業內網路 (Intranet) IP 位址設定。所以網路識別 ID 原有 128 網路系統 (網域) 則剩下 125 個可以使用。

主機識別 24 位元則可提供 2^{24}=16,777,216 個主機位址，其中將 24bit 的所有主機位元設為 "0"，用十進位將 IP 位址表示成 "N.0.0.0" 為網域位址；將所有 24bit 主機位元設為 "1"， 用十進位將 IP 位址表示成 "N.255.255.255" 為廣播位址。故 2 的 24 次方個主機位址扣掉網域位址和廣播位址，實際上可用的主機位址為 2^{24}-2 = 16,777,214 個。

因此，Class A 位址共可提供約 125 × 16,777,214 = 2,097,151,750 個 IP 位址 (約 2G)，Class A IP 位址現今已分配完畢不提供申請。

Class A IP 位址的表示範圍為：

$$1.X.X.X \sim 126.X.X.X$$

（0 和 127 網路識別 ID 保留）

 Class B

$$\underbrace{10NNNNNN.NNNNNNNN.}_{\text{網路識別 ID（14bit）}}\underbrace{HHHHHHHH.HHHHHHHH}_{\text{主機識別 ID（16bit）}}$$

Class B IP 位址的最左邊兩個位元固定為 "10"，後接 14 個網路位元及 16 個主機位元。IP 位址的網路識別位元 14bit 則可提供 2^{14}=16,384 個組合，將最左邊 8bit 二進位表示成十進位時其值介於 0 ~ 255 之間；另外，位址保留 "172.16.0.0 ~ 172.31.255.255" 網域作為企業內網路 (Intranet) 使用。因此網路位元組即可提供 2^{14}-16=16,384 -16 = 16,368 個網路系統 (網域)。

Class B IP 位址的 16 個主機位元則可提供 2^{16}=65536 個主機位址，各位元組的十進位值介於 0 ~ 255 之間，最左邊的 8bit 的十進位值介於 128 ~ 191 之間，同樣將所有主機位元設為 "0"，十進位 IP 位址表示法 "N.N.0.0" 為網域位址；將所有主機位址設為 "1"，十進位 IP 位址表示法 "N.N.255.255" 為廣播位址。故 2 的 16 次方 65536 個主機位址扣掉網域位址和廣播位址，實際上可用的主機位址有 2^{16}- 2 = 65,534 個 IP 位址，Class B IP 位址現今已分配完畢不提供申請。

因此，Class B 位址共可提供約 16,368 × 65,534 =1,072,660,512 個 IP 位址 (約 1G)，現今已分配完畢不提供申請。

Class B IP 位址的表示範圍為：

$$128.N.X.X \sim 191.N.X.X$$

（N：表示使用者不可更改，其中 32（16×2＝32）個保留）

 Class C

```
110NNNNN.NNNNNNNN.HHHHHHHH.HHHHHHHH
     網路識別 ID（21bit）            主機識別 ID（8bit）
```

Class C IP 位址的最左邊三個位元固定為 "110"，後接 21 個網路位元及 8 個主機位元。IP 位址的左邊網路識別位元 21bit 則可提供 2^{21}=2,097,152 個組合，將 8bit 二進位表示成十進位時其值介於 0～255 之間，最左邊的 8bit 的十進位值介於 192～223 之間，共可提供 2^{21}=2,097,152 個網路系統 (網域)。

Class C IP 位址的 8 個主機位元則提供 $2^8 = 256$ 個主機位址，該主機位元組的十進位值介於 0～255 之間，同樣將所有主機位元設為 "0"，十進位表示法 "N.N.N.0" 為網域位址；將所有主機位元設為 "1"，十進位表示法 "N.N.N.255" 為廣播位址。故 2 的 8 次方 256 個主機位址扣掉網域位址和廣播位址，實際上可用主機位址有 254 個。其中保留 "192.168.0.0" 網域作為企業內網路 (Intranet) 使用。

因此，Class C 位址共可提供約 2,097,151 × 254 =532,676,354 個 IP 位址 (約 532M)。

Class C IP 位址的表示範圍為：

$$192.N.N.X \sim 223.N.N.X$$

（N：表示使用者不可更改，其中 2（1×2＝2）個保留）

 Class D

```
1110NNNN.NNNNNNNN.HHHHHHHH.HHHHHHHH
              網路識別 ID（28bit）
```

Class D IP 位址的最左邊四個位元固定為 "1110"，後接 28 個群播設定位元。IP 位址的左邊 8bit 之二進制，十進位介於 224～239 之間，其他 28bit 則分別提供 2^{28}=268,435,456 個組合，十進位值介於 0～255 之間，故 Class D IP 位址共可提供 2^{28}=268,435,456 個群播 IP 位址。多點傳送操作並沒有區分網路位元與主機位元。

因此，Class D 位址共可提供約 2^{28}=268,435,456 個廣播位址 (約 268M)。

Class D IP 位址的表示範圍為：

$$224.M.M.M \sim 239.M.M.M$$

（M：表示廣播位址）

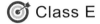 ## Class E

1111RRRR.RRRRRRRR.RRRRRRRR.RRRRRRRR

網路識別 ID（28bit）

Class E IP 位址最左邊四個位元固定為 "1111"，後接 28 個保留位元。IP 位址的左邊第一個保留位元組 "1111RRRR" 之十進位值介 240 ~ 255 之間，Class E IP 位址和 Class D IP 位址一樣，沒有網路位元和主機位元，共可提供 2^{28}=268,435,456 個 IP 位址。Class E IP 位址是保留給實驗網路所使用。

因此，Class E 位址共可提供約 2^{28}=268,435,456 個保留位址 (約 268M)。

Class E IP 位址的表示範圍為：

$$240.R.R.R \sim 255.R.R.R$$

（R：表示保留位址）

4-3-4 子網路遮罩

子網路遮罩 (Subnet Mask) 是用來分辨兩個 IP 位址是否屬於同一個子網路環境，若是屬於同一個子網域就將訊息直接傳送，傳送封包資料時會更有效率，如果不是，則交由路由器往外傳送。

子網路遮罩的計算方式，以下舉個例子來說明：

假設有兩個 IP 位址，分別為 203.72.36.96、203.72.10.96、203.72.36.6 子遮罩均為 255.255.255.0，則步驟如下：

1. 先將十進制 IP 位址及子遮罩位址轉為二進制位址

2. 將兩個二進制位址做 AND 運算

3. 比較運算結果與子遮罩是否相同

4. 前三組 IP 相同則為同一子網域，不相同則非同一子網域。

```
203. 72. 36. 96=        11001011 . 01001000 . 00100100 . 01100000
255.255.255. 0 _    AND 11111111 . 11111111 . 11111111 . 00000000
203. 72. 36. 0          11001011 . 01001000 . 00100100 . 00000000


203. 72. 10. 96=        11001011 . 01001000 . 00001010 . 01100000
255.255.255. 0 _    AND 11111111 . 11111111 . 11111111 . 00000000
203. 72. 10. 0          11001011 . 01001000 . 00001010 . 00000000


203. 72. 36. 10=        11001011 . 01001000 . 00100100 . 00001010
255.255.255. 0 _    AND 11111111 . 11111111 . 11111111 . 00000000
203. 72. 36. 0          11001011 . 01001000 . 00100100 . 00000000
```

可知，203.72.36.96 與 203.72.36.10 為同一個子網域，而 203.72.10.36 是不同的子網域。

子網域遮罩在每一個 IP 等級都有不同的設定，其最大目的是判斷是否為同一個子網域的電腦，以利資料快速傳送，如表所示：

等級	子遮罩網路
Class A	255.0.0.0
Class B	255.255.0.0
Class C	255.255.255.0

4-3-5 特殊 IP 位址

又稱為保留 IP，提供給企業或個人內部虛擬 IP 或特殊用途，這些位址無法直接連上網際網路，如表：

等級	保留 IP	用途
Class A	0.X.X.X	特殊用途
	127.X.X.X	特殊用途
	127.0.0.1	本機回應位址
	10.X.X.X	私人虛擬 IP

等級	保留 IP	用途
Class B	X.X.0.0	網域位址
	X.X.255.255	廣播位址
	172.16.XX～172.31.X.X	私人虛擬 IP
Class C	X.X.X.0	網域位址
	X.X.X.255	廣播位址
	192.168.X.X	私人虛擬 IP
Class D、E	224.X.X.X～255.X.X.X	Multicast、實驗

4-4 IPv6

目前所使用的 32 位元的 IP 源於 80 年代早期，其位址介於 0.0.0.0 到 255.255.255.255 之間，有限的位址顯然不敷全世界的網際網路所使用。1995 年時，有人開始提出 128 位元的 IP version 6 (IPv6)，也有人稱之為 IPng (Next Generation Internet Protocol)，希望能增加更多的 IP 位址，同時也能進一步提高網路的傳輸品質與安全性。

IPv4 在設計初並無考慮以下問題：

1. 位址嚴重不足
2. 簡易組態需求 (自動 IP)
3. 及時資料傳送
4. 路由器的路由表內容增加
5. 安全性需求

IPv6 網路協定是為了解決網路位址不足。IPv6 提供更大的定址空間，並加入自動配置 (Auto-configuration) 技術支援、增加更高的安全性、加入一個表頭做為優先順序欄位及流程控制標記提供服務品質 (QoS)。IPv6 提供穩定、安全、以及更適於串流等方面的服務品質特性，也更能安心地傳輸機密資料。

IPv6 具有以下特色：

1. 全新的表頭格式
2. 有效率路由架構
3. 較佳的技術支援
4. 更好擴充及延展
5. 更多的位址空間
6. 增加網路安全性
7. 新式的通訊協定
8. 自動化組態設定

4-4-1 IPv6 表示方式

IPv6 位址是由介面和介面組的 128 位元識別碼組成。如果要記起來 128 位元，那真的是一種不方便的折磨。新的技術規格如果再回頭採用 IPv4 表示方法，可能又與 IPv4 混在一起，基於這幾種原因，IPv6 定址的方式打破 IPv4 原來表示法，將 IPv6 的位址分成八個區段，每一區段由 2byte (16 位元) 組成，每個位組區塊轉換成 4 個十六進位數，而且區段與區段間是由冒號 (：) 區隔，這種的表示法稱做冒號十六進位。IPv6 位址如下表示方式：

二進制表示時：

```
00110010110110100000000001101001100000000111111110010111100111011000000101010101000000000000000000010011100010110101111111000101000
```

128 位元位址每 16 位元分隔細分為：

```
0011001011011010    0000000011010011    0000000011111111
0010111100111011    0000001010101010    0000000000000000
1001110001011010    1111111000101000
```

每個 16 位元區塊轉換成十六進位 (與 IPv4 相同，4 個位元一組，將有 1 的權值相加)，中間再加入冒號區隔：

```
32DA:00D3:00FF:2F3B:02AA:0000:9C5A:FE28
```

這樣的 IPv6 表示法還是太長，如果其中有一些規則就可以再簡化，也就是移除每個 16 位元區塊的前導零。也就是表每一區塊的 0 省略，省略之後的位址表示法變成：

```
21DA:D3:FF:2F3B:2AA:0:9C5A:FE28
```

有些類型的位址有一長串的零。進一步簡化 IPv6 位址表示法，冒號十六進位格式中一長串設定為 0 的 16 位元區塊，可以壓縮成 :: (稱做雙冒號)。

例(1) 位址 FE90:0:0:0:0:FF:9AFE:4CA2
壓縮成 FE90::FF: 9A FE:4CA2。

例(2) 位址 FF00:0:0:0:0:0:0:2
壓縮成 FF00::2。

零壓縮只能用來壓縮冒號十六進位表示法中表示的一連串 16 位元區塊。您不能使用零壓縮來包含部分的 16 位元區塊。

> 例(3) 位址 FF00:300:0:0:0:0:0:10
> 不可壓縮成 FF00:3::1。

若要知道 :: 代表多少個 0 位元,您可以計算壓縮位址中的區塊數,用 8 減掉這個數字,得出的結果乘上 16 即可。位址給定時,切記零壓縮一個位址只能使用一次,否則您會不知道雙冒號 (::) 的每個例項代表的 0 位元數。

> 例(4) 位址 FF00:300::2
> 其中有三個區塊 FF00 區塊、300 區塊及 2 區塊。
> 那由 :: 總成的位元為 (8 - 3)×16 = 80
> 表示的共有 80 位元省略。

IPv6 首碼是位址的一部分,可指出有固定值的位元或網路 ID 的位元。IPv6 路由及子網路 ID 的首碼表示法,類似 IPv4 的 Classless Inter-Domain Routing (CIDR) 表示法,IPv4 使用網路首碼的十進位數字表示法,稱做子網路遮罩。但是 IPv6 首碼以 *address/prefix-length* 表示法撰寫。例如,21DA:D3::/48 是路由首碼,而 21DA:D3:0:2F3B::/64 是子網路首碼,IPv6 不使用子網路遮罩只支援使用首碼長度表示法。

處理 IPv4 和 IPv6 混合節點時,會使用 IPv6 位址的另一種格式,亦即 H：H：H：H：H：H：d.d.d.d;其中「H」是 IPv6 位址高 96 位元的十六進位值,「d」則為 32 位元低位元的十進位值。通常,此標記法會顯示 IPv4 對映的 IPv6 位址,和與 IPv4 相容的 IPv6 位址。例如 0:0:0:0:0:0:10.1.2.3 和::10.11.3.123。

4-4-2 IPv6 工作模式

IPv6 位址中分成首碼長度及後面位元組合而成,其中,首碼長度則是一個十進位值,表示首碼長度由位址最左邊多少個連續位元構成。例如,位址 fec0:0:0:1::1234/64,其中 /64 表示位址首碼長度是由位址 fec0:0:0:1 位址的前 64 個位元構成。IPv6 位址中的首碼長度表示 IPv6 位址中有多少個位元代表子網路。如下格式:

n 位元	128-n 位元
子網路字首	介面 ID

IPv6 首碼長度位址的工作模式，大約可分為下列三種：單點傳送 (Unicast)、任點傳送 (Anycast)，和多點傳送 (Multicast)。

🎯 單點傳送

適用於單一介面的位址，傳送至單點傳送位址的封包會送到該位址識別的介面。IPv6 單點傳送位址中的介面識別碼可用來識別連結上哪個介面，該連結上的介面識別碼必須是獨特的。連結則通常由子網路字首識別，單點傳送位址中的位元若全為零，則此位址又稱為未指定位址 (Unspecified Address)，其文字表示法為「::」。單點傳送位址 ::1 或 0:0:0:0:0:0:0:1 稱為回送位址 (Loopback Address)，節點會利用此位址將封包送回給自己。

單點傳送方式又區分成三種：全域 (Global) 位址、連結本機 (Link Local) 位址、場地本機 (Sit Local) 位址。

1. 全域 (Global) 位址格式

3	13	8	24	16	64 位元
001	TLA ID	RES	NLA ID	SLA ID	介面 ID

其中：

- TLA ID：頂層聚合識別碼 (Top-level Aggregation Identifier)。
- RES：保留 (Reserved) 供日後使用。
- NLA ID：下一層聚合識別碼 (Next-Level Aggregation Identifier)。
- SLA ID：場地層聚合識別碼 (Site-Level Aggregation Identifier)。

2. 連結本機 (Link Local) 格式

10 位元	54 位元	64 位元
1111111010	0	介面 ID

3. 場地本機 (Sit Local) 位址格式

10 位元	38 位元	16 位元	64 位元
1111111011	0	子網路 ID	介面 ID

🎯 任點傳送

適用於一組介面的位址。通常這些介面屬於不同的節點。傳送至任意點傳送位址的封包會送到該位址識別的其中一個介面。由於使用任意點傳送位址的標準仍在開發中，一任點位址可以被多個節點使用，但是傳送給這個位址的封包，並不是真正將封包傳送至這個節點，而是傳送到成本最低或是距離最近的節點，這種首碼長度不固定，首碼以外位元都為 0 的傳送方式，就是任點傳送方式。

任意點傳送格式：

n 位元	128-n 位元
子網路字首	00........00

🎯 多點傳送

適用於一組介面 (通常屬於不同的節點) 的位址。傳送至多點傳送位址的封包會送到該位址識別的所有介面。

多點傳送格式：

8 位元	4 位元	4 位元	112 位元
11111111	旗標	範圍	群組 ID

其中：

1. **旗標**

   是一組四個旗標「000T」，保留高的 3 位元且必須為零。最後一個位元「T」則表示此位址是否已指定為永久性的。若為零，表示此位址已指定為永久性；否則是暫時性的指定。

2. **範圍**

為 4 個位元，用來限制多點傳送群組的範圍。值為「1」時，代表節點-本
機多點傳送群組；值為「2」，代表其範圍為連結-本機；值為「5」，代表
其範圍為場地-本機。

3. **群組 ID**

識別多點傳送群組，下列為部份常用的多點傳送群組：全節點位址 =
FF02:0:0:0:0:0:0:1 (連結-本機)，全路由器位址 = FF02:0:0:0:0:0:0:2 (連結-
本機) 全路由器位址 = FF05:0:0:0:0:0:0:2 (場地-本機)。

4-4-3 IPv6 未來發展

各國研究計畫甚至商業運轉的 IPv6 應用種類，包括：

1. **多媒體應用**：網路電話、多媒體影音串流服務。

2. **感測網路 (Sensor Network)**：環境監測網路、地震偵測系統、居家醫療
系統。

3. **移動網路 (Mobile Network)**：車機行動系統。

補充

1. Teredo 是一個 IPv6 轉換機制，可為執行在 IPv4 網際網路但沒有 IPv6 網
路原生連線的 IPv6 主機提供完全的連通性。可以在網路位址轉換 (NAT) 裝
置 (例如，家庭路由器) 完成功能。

2. Teredo 使用跨平台隧道協定提供 IPv6 連通性，將 IPv6 資料包封裝在 IPv4
用戶資料協定 (UDP) 封包內。Teredo 路由器將這些資料包在 IPv4 網際網
路上傳輸及通過 NAT 裝置。

3. 在 IPv6 網路上的 Teredo 節點，接收封包，解開它們的封裝，以及傳遞
它們。

4. Teredo 是一種臨時措施，Teredo 應在 IPv6 連線可用時停用。

( ) 01. 每一部主機在 Internet 上都有一個獨一無二的識別代號,此一代號稱為:
    (A) FTP 位址　　　　　　　　(B) IP 位址
    (C) ISP 位址　　　　　　　　(D) E-mail 位址　　　　　[91 統測、95 技競]

( ) 02. 下列哪個 IP 位址可以通過 Firewall 的管制,直接在 Internet 上流通?
    (A) 127.0.0.1　　　　　　　　(B) 255.255.0.0
    (C) 192.168.4.2　　　　　　　(D) 168.95.192.1　　　　　[91 統測]

( ) 03. IP 位址基本上是由四組數字,以「.」符號隔開組成,請問每一組數字
    的最大值為何?
    (A) 128　(B) 225　(C) 226　(D) 255　　　　　　　　　[92 統測]

( ) 04. 下列哪個 IP 位址,可作為本機測試用的 IP 位址?
    (A) 0.0.0.0　　　　　　　　　(B) 127.0.0.1
    (C) 192.168.10.1　　　　　　 (D) 255.255.255.255　　　　[92 統測]

( ) 05. 在網際網路中,下列有關全球資訊網站的 IP (internet protocol) 位址何
    者正確?
    (A) 0.0.0　　　　　　　　　　(B) 0.25a.25b
    (C) 123.124.125.126　　　　　(D) 256.255.254.253　　　　[92 統測]

( ) 06. 關於現在普遍使用的 IP 位址的敘述,下列何者正確?
    (A) IP 位址由四組字元串列組成,每組字元串列長度最長可達 4 個字元
    (B) 168.11.271.42 是一個符合規定的 IP 位址
    (C) 瀏覽器必須透過 DNS (網域名稱伺服器) 將網址轉換成 IP 位址
    (D) 可以為自己的電腦設定任意的 IP 位址,以方便記憶　　[92 統測]

( ) 07. 下列 IP 位址的寫法,何者正確?
    (A) 168.95.301.83　　　　　　(B) 207.46.265.26
    (C) 140.222.0.1　　　　　　　(D) 140.333.111.56　　　　[93 統測]

( ) 08. 設定您電腦的 TCP/IP 參數時輸入之 255.255.255.0,其作用是?
    (A) 自我迴路測試　　　　　　(B) 廣播信號
    (C) 網路遮罩　　　　　　　　(D) 通訊閘位址　　　　　　[95 技競]

( ) 09. 下列 Internet 的 IP 位址中,何者表示方法有誤?
    (A) 140.5.30.256　　　　　　 (B) 210.71.84.1
    (C) 163.20.165.55　　　　　　(D) 200.200.200.200　　　　[95 技競]

( ) 10. 以下何者為合法之公共 (Public) IP 位址 (選項 xx.xx.xx.xx /
　　　　oo.oo.oo.oo 中 xx 部分為 IP 位址、oo 部分為子網路遮罩)
　　　　(A) 10.140.113.67 / 255.255.255.0
　　　　(B) 172.20.100.44 / 255.255.255.0
　　　　(C) 176.16.254.254 / 255.255.255.0
　　　　(D) 192.168.100.100 / 255.255.255.0　　　　　　　[96 技競]

( ) 11. 以下 IP 位址中何者屬於 C 級網路？
　　　　(A) 99.192.168.1　　　　　　(B) 126.192.168.1
　　　　(C) 191.192.168.1　　　　　　(D) 193.192.168.1　　[97 技競]

( ) 12. 以下 IP 位址中何者屬於 B 級網路？
　　　　(A) 99.192.168.1　　　　　　(B) 126.192.168.1
　　　　(C) 191.192.168.1　　　　　　(D) 193.192.168.1　　[97 技競]

( ) 13. 下列何者為網際網路上共用的通訊協定 (communication protocol)？
　　　　(A) X modem　　(B) TCP/IP　　(C) Kerrnit　　(D) RS-232　　[92 統測]

( ) 14. 下列何者不是網路通訊協定？
　　　　(A) NetBEUI　　(B) TCP/IP　　(C) IPX/SPX　　(D) ASP　　[95 技競]

( ) 15. TCP 通訊協定所提供的服務包括下列哪一項？
　　　　(A) 不同主機的程序 (process) 之間的可靠資訊流傳輸
　　　　(B) 類比 (analog) 訊號與數位 (digital) 訊號間的轉換
　　　　(C) 網路內封包 (packet) 的選徑 (routing)
　　　　(D) 主機間作業系統差異的整合　　　　　　　　　　[93 統測]

( ) 16. 電腦網路之 OSI 模型的資料鏈結層 (data link layer) 可以識別下列
　　　　何者？
　　　　(A) 網路卡的實體位址，也就是 MAC address
　　　　(B) 傳輸時所使用的埠號 (port number)
　　　　(C) 電腦的 IP 位址
　　　　(D) 應用系統所採用的通訊協定，例如 HTTP 或 FTP 等　　[95 二技]

( ) 17. 國際標準組織 (ISO) 制訂的開放式系統連接模型 (OSI) 中，下列哪一
　　　　層是負責選擇封包的最佳傳輸路徑？
　　　　(A) 資料鏈結層　　(B) 網路層　　(C) 傳輸層　　(D) 應用層　　[97 統測]

( ) 18. TCP/IP 通訊協定提供下列哪兩層的功能？
(A) 應用層與傳輸層
(B) 傳輸層與網際網路層
(C) 網際網路層與網路存取層
(D) 網路存取層與實體層　　　　　　　　　　　　　　[98 統測]

( ) 19. 下列何者不是傳輸層 (transport layer) 的通訊協定？
(A) HTTP　　(B) SPX　　(C) TCP　　(D) UDP　　　　[93 二技]

( ) 20. 在 OSI (open system interconnection) 模式中，資料經由網路傳輸時，
其路由選擇 (routing) 的功能係由下列何種層級負責？
(A) 應用層　　(B) 資料連結層　　(C) 網路層　　(D) 傳輸層　　[93 二技]

( ) 21. ISO (國際標準組織) 制定 7 層之 OSI 網路模型，請問建立點對點的資
料正確以及完整的傳輸服務工作，是在 OSI 模型當中的哪一層處理？
(A) 資料連結層 (data link layer)
(B) 網路層 (network layer)
(C) 交談層 (session layer)
(D) 傳輸層 (transport layer)　　　　　　　　　　　　[94 二技]

( ) 22. TCP/IP 通訊協定中，TCP 最接近開放式系統連結 (Open System
Interconnection, OSI) 所定的網路七層結構中的哪一層？
(A) 表達層 (presentation layer)
(B) 應用層 (application layer)
(C) 傳輸層 (transport layer)
(D) 會議層 (session layer)　　　　　　　　　　　　　[95 二技]

( ) 23. 在網路，「光纖」(filbcr optic) 是屬於 ISO/OSI 模型中的哪一層？
(A) 網路層　　　　　　　　(B) 資料鏈結層
(C) 傳輸層　　　　　　　　(D) 實體層　　　　　　　[96 二技]

( ) 24. 集線器工作於 OSI 7 層架構中的哪一層？
(A) 實體層　　　　　　　　(B) 資料鏈結層
(C) 網路層　　　　　　　　(D) 傳輸層　　　　　　　[91 統測]

( ) 25. 大華平常習慣利用 Internet Explorer 上網找資料，他使用的 Internet Explorer 屬於國際標準組織 (ISO) 所規範的七層開放式系統連接模型 (OSI) 的哪一層？
(A) 網路層 (Network Layer)
(B) 傳輸層 (Transport Layer)
(C) 應用層 (Application Layer)
(D) 資料連結層 (Data Link Layer)　　　　　　　　　　[92 統測]

( ) 26. 下列哪一項是網際網路 (Internet) 最基礎的通訊協定 (protocol)？
(A) FTP　(B) HTTP　(C) IP　(D) TCP　　　　　　　[93 統測]

( ) 27. 在 OSI 七層網路通訊協定架構中，下列何層負責處理資料的轉換 (包括將資料編碼、壓縮、解壓縮、加密、解密等)，並建立上層可以使用的格式？
(A) 資料連結層 (Data Link Layer)
(B) 表示層 (Presentation Layer)
(C) 會議層 (Session Layer)
(D) 傳輸層 (Transport Layer)　　　　　　　　　　　　[98 統測]

( ) 28. 下列有關 TCP/IP 的敘述，何者正確？
(A) IP 主要工作是確保資料正確送達接收端，負責循序編碼和檢查錯誤
(B) TCP 負責定義封包的格式、辨識目的地、路徑選擇、傳遞封包
(C) TCP 是對應於 OSI 七層網路通訊協定中的傳輸層 (Transport Layer) 協定
(D) IP 是對應於 OSI 七層網路通訊協定中的資料連結層 (Data Link Layer) 協定　　　　　　　　　　　　　　　　　　　　[98 統測]

( ) 29. OSI 網路七層 (OSI 7-Layer) 參考模型中，TCP 協定所屬層級為：
(A) 資料連結層　(B) 網路層　(C) 傳輸層　(D) 應用層　[95 技競]

( ) 30. 國際標準組織 (ISO) 所制定的開放式系統連結 (OSI) 參考模式中，下列哪一層最接近網路硬體？
(A) 資料連結層　(B) 會議層　(C) 傳輸層　(D) 網路層　[96 技競]

( ) 31. 以下各選項均為 OSI 的 7 層通訊協定之一，請問居於四選項中最下層者為？
(A) 網路層　(B) 資料鏈結層　(C) 表達層　(D) 傳輸層　[97 技競]

( ) 32. 以下各選項均為 OSI 的 7 層通訊協定之一，請問居於四者中最上層者
為？
(A) 網路層　(B) 資料鏈結層　(C) 傳輸層　(D) 實體層　　[97 技競]

( ) 33. 下列有關 IP 位址的敘述，何者正確？
(A) 連接到網際網路的每一台裝置都必須具有固定的 IP 位址
(B) IP 位址的長度小於 MAC (Media Access Control) 位址的長度
(C) IP 位址的子網路遮罩必須為 8 個位元
(D) 一個 IP 位址只會對應到一個網域名稱 (domain name)　　[93 統測]

( ) 34. 下列何者不是正確的 IP 位址？
(A) 210.121.8.32　　　　　(B) 256.16.21.10
(C) 121.107.255.33　　　　(D) 63.11.35.1　　[94 統測]

( ) 35. 下列 IP 位址，何者屬於 IPv4 C 類 (Class C)？
(A) 120.120.120.120　　　　(B) 150.150.150.150
(C) 180.180.180.180　　　　(D) 210.210.210.210　　[94 統測]

( ) 36. 一般常見的 IP 位址是由幾個位元組 (byte) 所組成？
(A) 2　(B) 4　(C) 6　(D) 8　　[95 統測]

( ) 37. 有關網際網路通訊協定的敘述，下列何者不正確？
(A) IP 為 Internet 的網路層通訊協定
(B) POP3 為電子郵件外送的通訊協定
(C) HTTP 為 WWW 的通訊協定
(D) TELNET 為遠端登錄的通訊協定　　[96 統測]

( ) 38. 網際網路的 IP 位址長度係由多少位元所組成？
(Λ) 16　(B) 32　(C) 48　(D) 64　　[丙檢]

( ) 39. 已知網際網路 IP 位址係由四組數字所組成，請問下列表示法中何者是
錯誤的？
(A) 140.6.36.300　　　　　(B) 140.6.20.8
(C) 168.95.182.6　　　　　(D) 200.100.60.80　　[丙檢]

( ) 40. IP 位址為 255.255.255.0 通常用來做什麼功用？
(A) 自我迴路測試　　　　(B) 廣播信號
(C) 網路遮罩　　　　　　(D) 通訊匣位址　　[丙檢]

( ) 41. 下列何者是以 4 個位元組的二進制數字來識別 Internet 上之主機位址
的表示方法？
(A) TCP (B) IP (C) UTP (D) SMTP [丙檢]

( ) 42. 「網域名稱伺服器」的英文簡稱為何？
(A) ISDN (B) DNS (C) ISP (D) TCP [丙檢]

( ) 43. Class A 網路的 IP 網址內定的子網路遮罩為？
(A) 255.0.0.0 (B) 255.255.0.0
(C) 255.255.255.0 (D) 255.255.255.255 [丙檢]

( ) 44. 下列何者是屬於 Class C 網路的 IP？
(A) 120.80.40.20 (B) 140.92.1.50
(C) 192.83.166.5 (D) 258.128.33.24 [丙檢]

( ) 45. 下列何者屬於 IPv4 B 類 (classB) 的網址？
(A) 50.50.50.50 (B) 100.100.100.100
(C) 150.150.150.150 (D) 200.200.200.200 [93 二技]

( ) 46. 下列敘述，何者正確？
(A) 網際網路 (Internet) 上每一個網頁都有一個參考位址稱為 URL
(B) 網際網路上使用通訊協定 (protocol) 稱為 ISP
(C) 網際網路上 POP 是傳送郵件的通訊協定
(D) 電腦病毒不會利用電子郵件傳播 [94 二技]

( ) 47. 請問目前使用的 IPv4 之位址是多少位元 (bit)？
(A) 32 (B) 64 (C) 128 (D) 256 [95 二技]

( ) 48. TCP/IP 的通訊協定中，兩部電腦的 IP 位址是否屬於同一個子網路，
是依據下列何者來決定？
(A) 網域名稱伺服器 (domain name server)
(B) 廣播位址 (broadcast address)
(C) 網頁存取代理伺服器 (proxy server)
(D) 子網路遮罩 (subnet mask) [95 二技]

( ) 49. IP (internet protocol) 位址分為公開的 IP 位址與私人的 IP 位址兩種，
下列哪個 IP 位址為公開 (合法)，且可以用來連線到 Internet 的 IP 位
址？
(A) 10.20.10.5 (B) 140.130.88.10
(C) 172.20.10.5 (D) 192.168.10.5 [95 二技]

( ) 50. URL (uniform resource locator) 是用來表示某個網站或檔案在網際網路中，獨一無二的位址。下列何者屬於 URL 的一部分？
(A) 檔案複製、檔案儲存　　(B) 檔案建立時間、日期
(C) 檔案大小、檔案格式　　(D) 檔案路徑、檔案名稱　　　　[95 二技]

( ) 51. 設定一個 B 級 (class B) 的 IP 位址時，使用下列何項網路遮罩 (mask)？
(A) 255.0.0.0　　　　　　(B) 255.192.255.0
(C) 255.224.0.0　　　　　(D) 255.255.0.0　　　　　　　[96 二技]

( ) 52. IP 位址是由幾個 0～255 的數字所組成的？
(A) 1 個　(B) 2 個　(C) 3 個　(D) 4 個　　　　　　　　[90 統測]

( ) 53. 下列哪一個是合法的 IP，可設定給一台伺服器？
(A) 203.64.120.1　　　　　(B) 203.64.120.256
(C) 256.64.120.1　　　　　(D) 203.256.120.1　　　　　　[90 統測]

( ) 54. 下列哪一個是正確的 IP 位址？
(A) 140.124.3　　　　　　(B) 140.35.14.6.3
(C) 258.24.38.166　　　　 (D) 168.95.7.21　　　　　　　[90 統測]

( ) 55. TCP/IP 是一種？
(A) 網路周邊設備　　　　　(B) 網路伺服器
(C) 網路作業系統　　　　　(D) 網路通訊協定　　　　　　[90 統測]

( ) 56. 下列哪一種網路設備，其主要運作層次為「網路層」？
(A) 橋接器 (bridge)　　　　(B) 檔案伺服器 (file server)
(C) 中繼器 (repeater)　　　 (D) 路由器 (router)　　　　　[93 統測]

( ) 57. 將資料轉換成傳輸媒介所能負載、傳遞的電子訊號，並經由網路設備傳送出去，是用於開放系統連結 (OSI) 七層架構中的哪一層？
(A) 傳輸層　　　　　　　　(B) 網路層
(C) 資料鏈結層　　　　　　(D) 實體層　　　　　　　　　[101 統測]

( ) 58. 目前 IP 位址 (IPv4) 被區分為幾個等級 (class)？
(A) 3　(B) 4　(C) 5　(D) 6　　　　　　　　　　　　　[99 統測]

( ) 59. 下列哪一個 IP 位址是屬於 B 級網路的等級？
(A) 62.100.5.2　　　　　　(B) 129.17.22.25
(C) 193.6.8.5　　　　　　　(D) 210.99.56.32　　　　　　[100 統測]

自我評量

( ) 60. 下列何者不是 Windows XP 中「Internet Protocol (TCP / IP) 內容」的
設定選項？
(A) 子網路遮罩　　　　　(B) 預設閘道
(C) 主機名稱　　　　　　(D) 慣用 DNS 伺服器　　　　[99 統測]

( ) 61. 關於網路中 CSMA / CD 協定，下列敘述何者不正確？
(A) 連接到區域網路上各節點的電腦，都可以接收資料
(B) 每個節點的電腦要傳送資料前，會先偵測網路內是否有其他資料
正在進行傳輸
(C) 取得權限 (token) 的電腦才能傳送資料，所以不會有資料碰撞
(collision) 的情形發生
(D) 常應用於乙太網路 (Ethernet) 架構　　　　[100 統測]

( ) 62. OSI 通訊標準中，下列哪一層最靠近應用層？
(A) 網路層　　　　　　　(B) 表達層
(C) 傳輸層　　　　　　　(D) 會議層　　　　　　[108 統測]

( ) 63. 電子郵件的傳輸協定 SMTP、POP3、IMAP，是屬於下列哪一層的傳
輸協定？
(A) 應用層　　　　　　　(B) 傳輸層
(C) 網路層　　　　　　　(D) 鏈結層　　　　　　[102 統測]

( ) 64. 在 OSI 參考模型 (Open System Interconnection Reference Model) 的七
層架構中，下列哪一層主要負責規範各項網路服務的使用者介面？
(A) 應用層　(B) 會議層　(C) 網路層　(D) 傳輸層　[103 統測]

( ) 65. 開放系統連接模型 (Open System Interconnection Reference Model, 簡
稱 OSI) 是用來規範電腦網路間的通訊協定。OSI 模型共分為七層，請
問負責為封包選擇網路傳送路徑的工作是由哪一層所負責？
(A) 實體層 (Physical Layer)
(B) 連結層 (DataLink Layer)
(C) 傳輸層 (Transport Layer)
(D) 網路層 (Network Layer)　　　　　　[103 統測]

( ) 66. 在 OSI 網路架構中，確保資料於接收端能依發送端的編序正確組合的
是屬於哪一層？
(A) 資料鏈結層　(B) 網路層　(C) 傳輸層　(D) 應用層　[104 統測]

( ) 67. 下列關於開放式系統互連 (Open System Interconnection, OSI) 參考模型的描述，何者錯誤？
 (A) 該模型是由 ISO 組織制定，是一個用來規範不同電腦系統之間進行通訊的原則
 (B) 該模型中的傳輸層 (Transport Layer) 負責工作包含「決定封包傳送的最佳傳輸路徑」
 (C) 該模型中的資料連結層 (DataLink Layer) 負責工作包含「錯誤偵測及更正」
 (D) 該模型中的實體層 (Physical Layer) 相對應的設備包含有中繼器 (Repeater)、集線器 (Hub)　　　　　　　　　　　[106 統測]

( ) 68. 網路 OSI 模型第二層的交換器 (Switch) 設備，依據下列哪種位址來轉換及傳送訊框 (Frame)？
 (A) 實體位址 (MAC)
 (B) 網路位址 (IP)
 (C) 電腦名稱 (Hostname)
 (D) 群組名稱 (Groupname)　　　　　　　　　　　[106 統測]

( ) 69. ClassA 等級的 IP 位址從 10.0.0.251 至 10.0.1.5 共有幾個 IP 位址？
 (A) 10 個　　　　　　　　(B) 11 個
 (C) 12 個　　　　　　　　(D) 13 個　　　　　　[108 統測]

( ) 70. 下列何項是屬於 CLASSC 等級的 IP 位址？
 (A) 10.16.1.1　　　　　　(B) 172.16.1.1
 (C) 192.168.1.1　　　　　(D) 255.255.255.0　　　[108 統測]

( ) 71. IPv6 所能表示的 IP 位址數量是 IPv4 所能表示 IP 位址數量的多少倍？
 (A) 4　 (B) 24　 (C) 96　 (D) 296　　　　　　　[105 統測]

( ) 72. 下列對於網際網路協定 IP (Internet Protocol) 的描述何者正確？
 (A) 全世界的 IP 位址可以分為 A,B,C,D 四種等級 (Class)
 (B) IPv4 為 16 位元組成的位址，IPv6 為 32 位元組成的位址
 (C) IPv4 位址包含了網路位址 (Network ID) 與主機位址 (HostID)
 (D) IP 位址與網域名稱 (Domain Name) 的對應是透過閘道器 (Gateway) 來協助　　　　　　　　　　　[107 統測]

( )　73. 某一部電腦中的網路介面卡 IP 位址設定為 192.168.1.10，網路遮罩為 255.255.255.128，關於該電腦網路連接與組態，下列敘述何者正確？
(A) 192.168.1.10 一定是 WiFi 存取點 (WiFi Access Point) 派發的動態 IPv4 位址
(B) 192.168.1.10 是一個 ClassC 的 IPv6 位址
(C) 192.168 開頭的 IP 位址，不能設定為有線網路介面卡中的 IP 位址
(D) 另一 IP 位址 192.168.1.129 的電腦，要和這部電腦連線傳輸資料，必須經過閘道器進行連接和傳輸　　　　　　　　　[109 統測]

( )　74. 假設有一網頁伺服器 (web server) 的 IP 是 192.168.3.10，透過 8080 埠號 (port) 提供網頁服務。若要請求這網頁伺服器的網頁服務，下列哪一個請求服務的格式是正確的？
(A) http://192.168.3.10/8080/index.html
(B) http://192.168.3.10+8080/index.html
(C) http://192.168.3.10/index.html@8080
(D) http://192.168.3.10:8080/index.html　　　　　　　　　[108 統測]

( )　75. 在台灣，關於 IP 位址的分配工作，是由以下哪一個單位所負責？
(A) 國家高速網路與計算中心
(B) 台灣網路資訊中心
(C) 中華民國電腦技能基金會
(D) 工業技術研究院　　　　　　　　　　　　　　　　　[107 統測]

( )　76. 下列關於 192.168.1.1 這個 IP 位址的敘述，何者正確？
(A) 是一個 classA 的多點廣播 (Multicast) 位址
(B) 是一個 classD 的某企業專屬 IP 位址
(C) 是一個 classB 的廣播 (Broadcast) 位址
(D) 是一個 classC 的保留 IP 位址，可供私有區域網路使用　[103 統測]

( )　77. 下列何者是 IPv4 中 ClassB 的 IP 位址？
(A) 127.0.0.1　　　　　　　(B) 172.16.16.1
(C) 10.245.30.45　　　　　　(D) 192.168.0.4　　　　　[103 統測]

( )　78. 下列哪一個 IPv4 位址是有問題的位址，它無法在網路上使用？
(A) 11.11.11.11　　　　　　(B) 172.712.71.12
(C) 192.92.92.92　　　　　　(D) 193.193.193.193　　　[104 統測]

( ) 79. 下列有關電腦網路的敘述,何者錯誤?
(A) TCP/IP 為用在 Internet 中的通訊協定
(B) 集線器 (Hub) 工作在 OSI 的實體層,通常是用來管理網路設備的最小單位
(C) 路由器 (Router) 主要工作在 OSI 的實體層,通常作為信號放大與整波之用
(D) 在 Windows 作業系統的電腦上,可利用「ipconfig/all」指令查得本機在網路上的 MAC 位址編號、IP 位址等資訊　　　[104 統測]

( ) 80. 下列有關 IPv4 位址的敘述,何者錯誤?
(A) 使用 32 位元來定址
(B) 其位址的表示一般分為四個欄位
(C) 203.74.1.255 是一個 ClassC 的廣播位址
(D) 每欄位的數值範圍從 1 至 255　　　　　　　　　　[104 統測]

( ) 81. C 類 IPv4 位址的範圍是:
(A) 192.0.0.0 起,至 255.255.255.255
(B) 192.0.0.0 起,至 244.255.255.255
(C) 192.0.0.0 起,至 239.255.255.255
(D) 192.0.0.0 起,至 223.255.255.255　　　　　　　[104 統測]

( ) 82. 在 IPv4 的位址中,一個 B 級 (ClassB) 的網路系統可管轄的 IP 位址個數,和下列何者最接近?
(A) 28 個　　　　　　　　　(B) 212 個
(C) 216 個　　　　　　　　 (D) 220 個　　　　　　　　[104 統測]

( ) 83. IPv6 使用幾個位元來定址?
(A) 32　　　　　　　　　　 (B) 64
(C) 128　　　　　　　　　　(D) 256　　　　　　　　　 [104 統測]

( ) 84. 若已知網際網路中 A 電腦之 IP 為 192.168.127.38,且子網路遮罩 (Subnet Mask) 為 255.255.248.0,下列哪一 IP 與 A 電腦不在同一子網路 (網段)?
(A) 192.168.128.11　　　　 (B) 192.168.126.22
(C) 192.168.125.33　　　　 (D) 192.168.124.44　　　　[105 統測]

( ) 85. 下列關於網際網路位址的表示方式之敘述，下列何者正確？
    (A) IPv4 位址用 6 組 4 位元的數字來表示，這些數字彼此會用「.」隔開
    (B) IPv6 位址用 4 組 6 位元的數字來表示，這些數字彼此會用「：」隔開
    (C) IPv6 位址用 6 個 8 位元的數字來表示，這些數字彼此會用「：」隔開
    (D) IPv4 位址用 4 個 8 位元的數字來表示，這些數字彼此會用「.」隔開 [106 統測]

( ) 86. 假設甲乙不同網路內主機均設定合法的真實 IP 位址，今一台主機從甲網路搬移到另一個乙網路時，需進行以下何種處理才能正常連上網路？
    (A) 必需同時更改它的 IP 位址和 MAC 位址
    (B) 只需更改它的 IP 位址
    (C) 必需更改它的 MAC 位址，但不需更改 IP 位址
    (D) 它的 MAC 位址及 IP 位址都不需要更改 [109 統測]

( ) 87. 當網路 A 使用 TCP/IP 通訊協定，網路 B 使用 IPX/SPX 通訊協定，則網路 A 與網路 B 要連接通訊時，需要使用下列何種裝置？
    (A) 路由器   (B) 閘道器
    (C) IP 分享器   (D) 交換式集線器 [102 統測]

( ) 88. OSI 通訊標準中，哪一層是介於傳輸層與資料鏈結層之間？
    (A) 網路層   (B) 表達層   (C) 應用層   (D) 實體層 [107 統測]

( ) 89. 在網路通訊標準-開放系統連結 (Open System Interconnection, OSI) 七層分類中，最上層與最下層分別是：
    (A) 最上層為應用層 (Application Layer)，最下層為實體層 (Physical Layer)
    (B) 最上層為表達層 (Presentation Layer)，最下層為資料鏈結層 (DataLink Layer)
    (C) 最上層為會議層 (Session Layer)，最下層為傳輸層 (Transport Layer)
    (D) 最上層為實體層 (Physical Layer)，最下層為網路層 (Network Layer) [107 統測]

( ) 90. 在 OSI 七層網路通訊協定中，哪一層是負責端點資料的正確送達？
    (A) 資料鏈結層   (B) 會議層   (C) 實體層   (D) 傳輸層 [105 統測]

( ) 91. 有關 OSI (Open System Interconnection) 模型之敘述,下列何者錯誤?
　　　(A) OSI 模型的第四層稱為傳輸層
　　　(B) OSI 模型一共有七層
　　　(C) OSI 模型是由國際標準組織 (ISO) 所提出的網路參考模型
　　　(D) HTTP 協定屬於 OSI 模型中的實體層協定　　　　　　　[108 統測]

( ) 92. 路由器的路徑選擇能力可完成 OSI 中哪一層功能?
　　　(A) 網路層　(B) 應用層　(C) 實體層　(D) 表達層　　　[104 統測]

( ) 93. 在 OSI 模型中,網路卡功能最高屬於下列哪一層?
　　　(A) 實體層　(B) 資料鏈結層　(C) 網路層　(D) 應用層　[104 統測]

( ) 94. 下列有關 OSI (Open System Interconnection,開放系統連結) 的敘述,
　　　何者正確?
　　　(A) TCP (Transmission Control Protocol) 的功能是對應 OSI 七層架構
　　　　　中的網路層 (Network Layer)
　　　(B) IP (Internet Protocol) 的功能是對應 OSI 七層架構中的傳輸層
　　　　　(Transport Layer)
　　　(C) 在 OSI 七層架構中,應用層 (Application Layer) 負責資料格式的
　　　　　轉換
　　　(D) 在 OSI 七層架構中,實體層 (Physical Layer) 負責將資料轉換成傳
　　　　　輸媒介所能傳遞的電子信號　　　　　　　　　　　　[107 統測]

( ) 95. 如圖所示

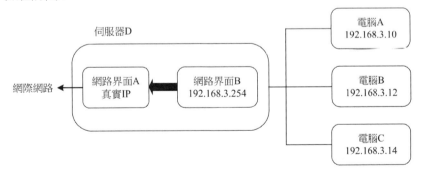

　　　電腦 A、電腦 B、電腦 C,固定使用了 ClassC 中的私有 IP,只供內部
　　　使用,無法連接上網際網路。伺服器 D 可以把內部使用的私有 IP 位
　　　址轉成可連上網際網路的真實 IP 位址。伺服器 D 所提供的服務,下
　　　列何者最為適切?
　　　(A) NAT　(B) HTTP　(C) ARP　(D) DNS　　　　　　　[109 統測]

( ) 96. 下列關於各種通訊協定的敘述，何者正確？
(A) TCP/IP 協定是廣泛運用在網際網路的通訊協定，在 OSI 架構中屬於網路層
(B) Telnet 協定是用於遠端登入的通訊協定，負責網路封包傳送，在 OSI 架構中屬於傳輸層
(C) IEEE802.11 協定是專用於行動電話上網的通訊協定
(D) SMTP 和 POP3 協定是用於電子郵件的通訊協定，前者負責傳送，後者負責接收　　　　　　　　　　　　　　　　[106 統測]

( ) 97. 關於在網路上使用 TCP/IP 的協定傳輸封包時，下列敘述何者正確？
(A) 為了提高傳輸效率，使用 TCP 協定不會檢查封包是否錯誤或遺失，因此不會要求傳送端重傳
(B) TCP 是屬於 ISO 組織制定的 OSI 通訊協定的傳輸層 (Transport Layer) 通訊協定
(C) IP 是屬於 ISO 組織制定的 OSI 通訊協定的會議層 (Session Layer) 通訊協定
(D) 檔案傳輸協定 FTP (File Transfer Protocol) 屬於不需使用到 TCP/IP 協定的一種上層服務協定　　　　　　　　[109 統測]

( ) 98. 有關 TCP / IP 通訊協定應用於網際網路服務的敘述，下列何者正確？
(A) ARP 通訊協定為選擇資料封包的傳輸路徑
(B) DHCP 通訊協定為動態分配 IP 位址
(C) IP 通訊協定為將 IP 位址轉換成實體位址
(D) SMTP 通訊協定為網域名稱與 IP 位址的互轉　　　　[111 統測]

( ) 99. 某台個人電腦其名稱為 PC 123、IP 位址為 192.168.123.132、子網路遮罩為 255.255.255.128，下列何項 IP 與 PC 123 位於相同子網路？
(A) 192.168.123.123　　　　(B) 192.168.123.254
(C) 192.168.132.123　　　　(D) 192.168.132.254　　[111 統測]

( ) 100.在 TCP / IP 通訊協定中，哪一層將訊息 (Messages) 分割成符合網際網路傳輸大小的區塊？
(A) Internet 層　　　　　　(B) Transport 層
(C) Session 層　　　　　　(D) Application 層　　　　[110 統測]

ITS 考題觀摩

( )　01. Class C 的 IP 位址，其預設子網路遮罩為下列何者？
　　　　(A) 255.255.255.192　　　　(B) 255.255.255.248
　　　　(C) 255.255.255.242　　　　(D) 255.255.255.0

( )　02. IPv4 多點傳輸範圍是從？
　　　　(A) 127.0.0.0~127.55.255.255
　　　　(B) 10.0.0.1~10.255.255.255
　　　　(C) 224.0.0.0~239.255.255.255
　　　　(D) 192.168.0.0~192.168.255.255

( )　03. OSI 中的哪一層主要功能是路由？
　　　　(A) 實體　(B) 網路　(C) 表達　(D) 連結

( )　04. 回送的 IP 位址範圍是哪列哪段？
　　　　(A) 10.0.0.0~10.255.255.255
　　　　(B) 192.168.0.0~192.168.255.255
　　　　(C) 172.16.0.0~172.31.255.255
　　　　(D) 127.0.0.0~127.255.255.255

( )　05. CSMA/CD 具有哪兩個特性？
　　　　(A) 只能與實體匯流排拓樸搭配
　　　　(B) 可偵測並彌補封包衝突
　　　　(C) 對網路上所有節點提出的傳輸要求進行循環配置
　　　　(D) 等候直到媒體閒置，再進行傳輸
　　　　(E) 發出訊號表示要在網路上傳輸的意圖

( )　06. 所有 IPv4 位址都包含哪些？
　　　　(A) 網路識別碼和主機識別碼
　　　　(B) DNS 記錄和預設路由
　　　　(C) 分成八位元資料組的 64 位元二進位數字
　　　　(D) MAC 位址和資料連結層位址

( )　07. OSI 模型中的哪一層定義 MAC 位址？
　　　　(A) 應用　(B) 連結　(C) 網路　(D) 實體

( )　08. 下列哪個是公有 IP 位址？
　　　　(A) 192.168.0.0/16　(B) 172.0.0/12　(C) 10.0.0.0/8　(D) 197.16.0.0/12

( )　09. IPv6 位址中有幾個位元？

     (A) 16　(B) 32　(C) 64　(D) 128

( )　10. 下列哪兩項功能是 OSI 模型中應用層來實作的？

     (A) 遠端檔案服務　　　　(B) 資料壓縮

     (C) 資料加密/解密　　　　(D) 使用者驗證

     (E) 目錄服務

( )　11. 只有 IPv4 網路的環境中，佈署執行 Windows Server，手動設定網路時有哪兩項是必要的參數？

     (A) DNS　(B) MAC　(C) 子網路遮罩　(D) 預設閘道　(E) IP

( )　12. ICMP Ping 訊息運作在 OSI 模型的哪一層？

     (A) 網路　(B) 傳輸　(C) 連結　(D) 應用

( )　13. 下列何者是多點傳送位址？

     (A) 169.254.0.1　(B) 192.168.0.1　(C) 224.0.0.1　(D) 127.0.0.1

( )　14. 需要將電腦設定成透過區網 (LAN)，要與其他電腦通訊，至少需要哪兩種參數？

     (A) IP 位址　　　　　　(B) 共用名稱

     (C) 子網路遮罩　　　　(D) 預設閘道

     (E) 使用者名稱和密碼

( )　15. Teredo 通道是什麼樣的通訊協定？

     (A) 可動態配置 IPV6 位址

     (B) 可提供 VPN 安全性

     (C) 可讓 IPV6 流量透過 IPV4 網路

     (D) 可將網際網路通訊協定 (IPV4) 轉譯為網際網路通訊協定 (IPV6)

( )　16. CIDR 標計法 192.168.2.1/24 指的是下列哪一個 IP 組態？

     (A) 192.168.2.1 255.255.255.128

     (B) 192.168.2.1 255.255.255.64

     (C) 192.168.2.1 255.255.255.32

     (D) 192.168.2.1 255.255.255.0

( )　17. 根據 OSI 模型，加密是在哪一層進行？

     (A) 展示　(B) 傳輸　(C) 網路　(D) 應用程式

( ) 18. 哪一個通訊協定有提供加密封包的功能？

(A) SNMP　　(B) TETP　　(C) HTTP　　(D) HTTPS

( ) 19. 下列哪一項是公用 IP 位址？

(A) 192.168.26.101　　　　(B) 172.16.152.48

(C) 10.156.89.1　　　　　(D) 68.24.78.221

( ) 20. 哪一項是 IPv6 的迴路位址？

(A) FE80::127　　(B) ::1　　(C) ::　　(D) FF00::127

( ) 21. 網路已設定成數個路由子網路，檢閱 192.168.14.0/24 網路的流量報告，並發現許多封包定址到 192.168.14.255 這是哪個位址範例？

(A) 不合法　　　　　　　(B) 單點傳輸

(C) 廣播　　　　　　　　(D) APIPA

(E) 多點傳輸

( ) 22. 下列哪個項目使用已偵測節點之間碰撞為基礎的網路存取方法？

(A) 權杖環 (token-ring)　　(B) 802.11 (wifi)

(C) FDDI　　　　　　　　(D) 乙太網路 (Ethernet)

( ) 23. 每個 IPv4 位址，都包含？

(A) 網路識別碼和主機識別碼

(B) DNS 記錄和預設路由

(C) 分成八位元資料組的 64 位元二進位數字

(D) MAC 位址和資料連結層位址

( ) 24. 迴路位址？

(A) 127.0.0.0-127.255.255.255

(B) 192.168.0.0-192.168.255.255

(C) 224.0.0.0-239.255.255.255

( ) 25. 連線導向的通訊協定？提供保證的服務

(A) TCP　　(B) UDP　　(C) ARP

( ) 26. 類別 A 的 IP 位址？

(A) 64.123.12.11　　　　(B) 163.234.23.2

(C) 201.111.22.3　　　　(D) 224.100.20.3

( ) 27. 你的家用電腦，在存取網際網路時發生問題，你懷疑網際網路路由器的 DHCP 服務，未正常運作，因此你檢查了電腦的 IP 位址，哪一個位址會指出路由器的 DHCP 服務無法正常運作？
(A) 10.19.1.15 　　　　(B) 169.254.1.15
(C) 172.16.1.15 　　　　(D) 192168.1.15

( ) 28. 私人網路位址？
(A) 127.0.0.0-127.255.255.255
(B) 192.168.0.0-192.168.255.255
(C) 224.0.0.0-239.255.255.255

( ) 29. 非連綫式的訊息架構通訊協定提供？盡力而為的服務
(A) TCP　 (B) UDP　 (C) ARP

( ) 30. 類別 B 的 IP 位址？
(A) 64.123.12.11 　　　　(B) 163.234.23.2
(C) 201.111.22.3 　　　　(D) 224.100.20.3

( ) 31. ftp.sunsetweb.org 的頂層網域是？
(A) sunsetweb　 (B) sunsetweb.org　 (C) org　 (D) ftp

( ) 32. 多點傳送位址？
(A) 127.0.0.0-127.255.255.255
(B) 192.168.0.0-192.168.255.255
(C) 224.0.0.0-239.255.255.255

( ) 33. 網際網路通訊協定，第六版 IPv6 的迴路位址？
(A) ::　 (B) FE80::127　 (C) ::1　 (D) FF00::127

( ) 34. 類別 C 的 IP 位址？
(A) 64.123.12.11 　　　　(B) 163.234.23.2
(C) 201.111.22.3 　　　　(D) 224.100.20.3

( ) 35. IPv4 多點傳送位址的範圍是從？
(A) 127.0.0.0-127.255.255.255
(B) 172.16.0.0-17.31.255.255
(C) 192.168.0.0-192.168.255.255
(D) 224.0.0.0-239.255.255.255

( ) 36. 哪種通訊協定是在 TCP 模型的傳輸層運作？

(A) FTP   (B) IP   (C) IGMP   (D) UDP

( ) 37. 類別 D 的 IP 位址？

(A) 64.123.12.11   (B) 163.234.23.2

(C) 201.111.22.3   (D) 224.100.20.3

38. 下列敘述正確選"是"，錯誤選"否"。

(是 / 否) (A) IPv4 路由器可以降網路廣播轉送到區域網路的子網路以外

(是 / 否) (B) IPV6 流量可以透過 IPV4 網路在 IPV6 網路之間進行傳輸

(是 / 否) (C) 將 windows 電腦設定為自動取得 IP，但無法連結 DHCP 伺服器時，電腦將會指派自動私人 IP 位址 (APIPA)

39. 下列敘述正確選"是"，錯誤選"否"。

(是 / 否) (A) 0:0:0:0:0:0:0:0:1 是 IPV6 的回路位址

(是 / 否) (B) FEC0::9C5A 是有效的網站-本機 (site-local) IPV6 位址

(是 / 否) (C) FE80::F856:02AA 是有效的連結-本機 (APIPA) IPV6 位址

40. 下列敘述正確選"是"，錯誤選"否"。

(是 / 否) (A) IPV6 位址長度是 64 位元

(是 / 否) (B) IPV6 位址會分成 8 位元區塊

(是 / 否) (C) IPV6 位址是以十進位小數點標記法來表示

41. 下列敘述正確選"是"，錯誤選"否"。

(是 / 否) (A) HTTP，TELNET，SMTP 通訊協定都在 OSI 模型的第七層運作

(是 / 否) (B) OSI 模型的第四層定義如何建立，管理和終止應用程式之間的連線

(是 / 否) (C) OSI 第三層定義如何路由傳送網路裝置之間的流量

42. 下列敘述正確選"是"，錯誤選"否"。

(是 / 否) (A) 21DA:D3:0:2F3B:2AA:FF:FE28:9C5A 是有效的 IPV6 單點傳輸位址

(是 / 否) (B) FE80::2AA:FF:FE28:9C5A 是有效的 IPV6 位址

(是 / 否) (C) 21DA::02AA:::FF:FE28:9C5A 是有效的 IPV6 位址

43. 下列敘述正確選"是"，錯誤選"否"。

(是 / 否)　(A) IPV4 包含 64 個位元

(是 / 否)　(B) 將 IPV4 位址的二進位位元分成各為八位元資料組的八位
元欄位是標準的做法

(是 / 否)　(C) 子網路遮罩是用來是分別網路和主機位址

44. 請將描述與答案做配對。

迴路網址　　　　·　　　　·127.0.0.0~127.255.255.255

私人網路位址·　　　　·192.168.0.0 ~192.168.255.255

多點傳送位址·　　　　·224.0.0.0~239.255.255.255

45. 請將描述與答案做配對。

多點傳輸·　　　·指派給位於網路各個子目錄的一個或多個網路界
面，並且於一對多通訊

廣播　　·　　　·指派給位於網路上子網路的所有界面，並且用於
一對所有人通訊

單點傳播·　　　·指派給位於網路上特定子網路的單一網路介面，
並且用於一對一通訊

5

網路的種類

學習重點

- 5-1 區域網路
- 5-2 廣域網路
- 5-3 網際網路
- 5-4 Intranet 與 Extranet
- 5-5 網際網路連線方式

5-1 區域網路

利用簡單的網路連接技術,將地理位置不同且具有獨立功能的多部電腦連接起來。區域網路通常指涵蓋範圍在 2 公里內的網路,它的範圍可以到一家公司或學校,是目前最常見的網路形式。它需要的硬體成本較低,但能充分發揮現有設備的功能。

美國電子電機工程協會 (Institute of Electrical Electronic Engineering,IEEE) 對區域網路的定義為:區域網路是一個資料通訊系統,它允許伊群互相獨立的設備,在適當的範圍內能透過實際的傳輸線來進行直接的通訊。

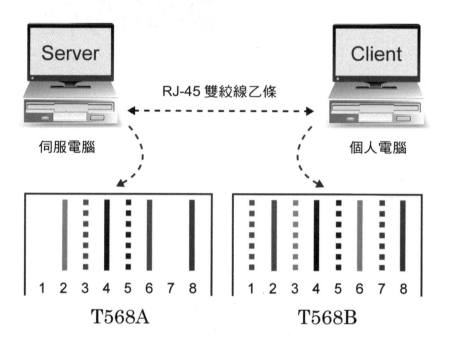

⬆ 簡易的兩台電腦連線方式

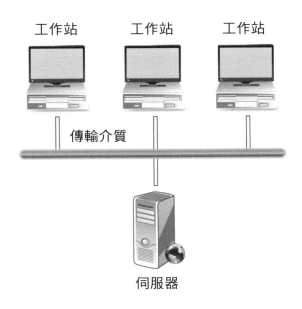

工作站　　　工作站　　　工作站

傳輸介質

伺服器

⬆ 區域網路連接的方式

補充

在區域網路 (LAN) 拓樸中，主要的媒體存取方式為：爭用 (Contention)、權杖傳遞。

5-2 廣域網路

廣域網路為規模最大的網路，涵蓋範圍在 50 公里以上的網路，可以跨越都市、國家甚至洲界。例如：大型企業在全球各個城市皆設立分公司，各分公司的區域網路相互連接，形成廣域網路。

廣域網路的發展是因為數據機 (Modem) 的出現，數據機能將數位信號轉換成類比信號，透過電話線傳送至遠處，當遠端數據機接收時，再由數據機將類比信號還原為數位信號達到通訊的目的。

區域網路與廣域網路比較：

	區域網路 Local Area Network	廣域網路 Wide Area Network
傳送介質	網路線	公眾網路
傳送速度	快 10/100/1000Mps	較慢 9.6k - 100Mps
連接成本	低	高
傳送距離	1- 2 公里	不受限制
使用對象	同一單位	不同單位
主要傳遞工具	集線器 (HUB)	路由器 (Router) 或數據機

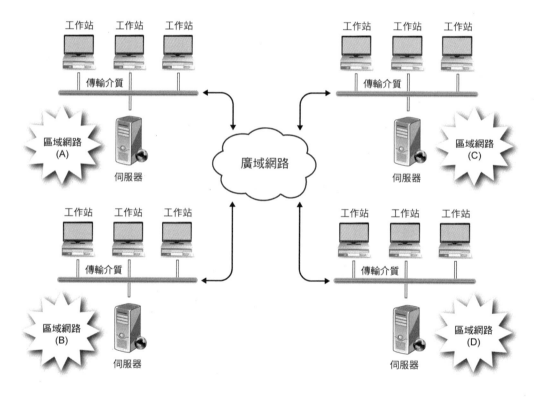

⬆ 廣域網路的組成

5-3 網際網路

網際網路 (Internet Network) 一般是指多個互相連接的區域網路或是兩個以上連接廣域網路,目前網路上已經存在著許多電腦網路,它們之間的連線方式是使用不同之通訊協定以及不同的網路架構。

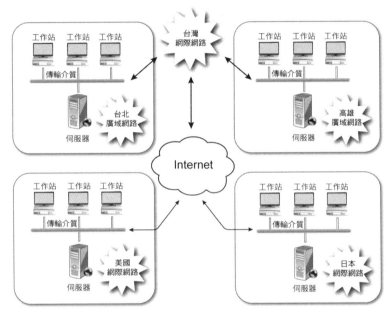

⬆ 網際網路的組成

網路已經成為最依賴的工具。數位式連線的發展,將電話線改成數位專線,如 T1、T3 等來進行連線通訊,達到快速連線之目的。

現今 T 專線的比較:

種類	DS 等級 (數位信號)	傳輸速率	傳輸通道	傳輸媒體
T1	DS-1	1.544Mbps	24	雙絞線
T1C	DS-1C	3.152Mbps	48	雙絞線
T2	DS-2	6.312Mbps	96	雙絞線
T3	DS-3	44.736Mbps	672	同軸電纜、光纖、微波
T3C	DS-3C	89.472Mbps	1344	同軸電纜、光纖、微波
T4	DS-4	274.176Mbps	4032	同軸電纜、光纖、微波

*目前 T1 及 T3 專線較常使用

網際網路目前提供的服務項目有：

1. 全球資訊網 (WWW)
2. 小地鼠資訊系統 (Gopher)
3. 檔案傳輸 (FTP)
4. 遠端登錄 (Telnet、SSH)
5. 電子佈告欄 (BBS)
6. 電子郵件 (E-mail)
7. 網路論壇 (Net News)
8. 檔案收尋服務 (Archie)
9. 線上聊天 (IRC)
10. 網路遊戲 (MUD)
11. 網路電話 (VOIP)
12. 電子商務 (EC)

5-4 Intranet 與 Extranet

高效率的資訊流通的同時，企業利用 Internet 來提高企業本身內部各個部門的資源分享及資料交換的效率，因此將 Internet 的資訊高速公路變成企業內部各個部門的高速私路，就是 Intranet 企業網路。

Intranet

Intranet 即企業用內部網路，一般用來提供公司內部的員工或電腦進行資料與資訊的傳遞的網路。

透過公司、企業網路的作業，有下列幾點好處：

1. **資訊的分享**

   透過網路 (區域網路、廣域網路、網際網路等) 連線，於分公司所建立的資訊、檔案、硬體資源可彼此分享，有助於內部作業的協調。

2. **昂貴設備的分享**

   如大型主機、各式伺服器等，皆可透過網路分享且互為備份，以防止不確定的因素使資料或檔案造成遺失或損壞，使得成本效益大幅提升。

3. **減少 MIS (管理資訊系統) 人員的開支**

   MIS 人員可透過網路管理分散各地的各式伺服器，將重要資源或資訊做集中管理，另外在整體網路的架構下，較有價格優勢。

廣義的說，Intranet 的建置可以採用數據專線 (T 專線)，或是利用目前一般公眾網路來架設。利用數據專線的成本較高，但網路的傳輸品質及速度最容易控制；如果利用公眾網路來架設 Intranet，就是一般所謂的虛擬私人資料網路 (Virtual Private Data Network，VPDN)，因為是公眾網路來虛擬私人網路，傳輸品質及速度較不易控制，但成本相對較低。

🎯 Extranet

企業間網路 (Extranet) 這個名詞約在幾年前出現，主要是利用現有的網路技術去服務一些對外的特定使用對象 (Closed User Group)，而不是一般大眾。這些對象包括特定客戶、供應商經銷商及生意上的夥伴。

國內最早有 Extranet 架構的單位為證券金融交易與航空公司訂票的網路系統，目前證交所利用 X.25 網路與各證券商的連線，便是最典型的 Extranet。

5-5 網際網路連線方式

目前網路最常使用的寬頻連接方式有：

1. 非對稱的數位用戶線路 (ADSL)
2. 纜線數據機 (Cable Modem)
3. 專線連接 (Leased Line)
4. 整合服務數位網路 (ISDN)

5-5-1 ADSL 際網路連

ADSL 的全名為「非對稱數位式用戶線路 (Asymmetric Digital Subscriber Line)」，是一種利用傳統電話線來提供高速網際網路上網服務的技術。利用現有傳統電話線路，將數位資料的傳輸速度提昇至 1536 Kbps (相當於 T1 的頻寬) 以上，遠高於 56 Kbps Modem 的撥接式電話網路，比撥接式數據機要快上 200 倍的傳輸速率，ADSL 是目前台灣地區用戶最多寬頻連接方式。

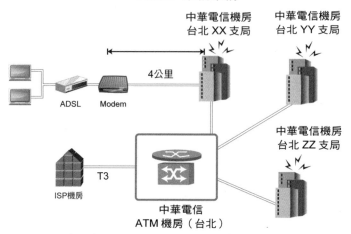

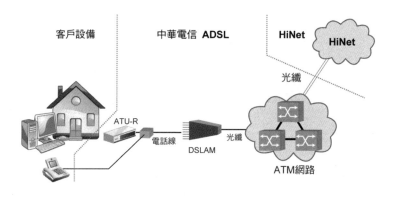

⬆ ADSL 網路系統 (資料來源：中華電信)

ADSL 的特色：

◆ 可同時上網及通話
◆ 影音信號方便傳送
◆ 頻寬獨享雙向傳輸

> 註解
>
> 以手動方式設定 TCP/IP 網路連線，設定項目含 IP 位址、子網路遮罩及閘道器 (Gateway) 的 IP 位址。

5-5-2 Cable Modem

Cable Modem 也是一台處理調變與解調變及類比/數位轉換的機器,只是它所處理的,並不是電話線上的類比/數位轉換,而是同軸電纜 (Coaxial Cable) 的 RF (射頻) 類比訊號及數位網路訊號的轉換,所以稱之為 Cable Modem。Cable Modem 下載頻寬高達 30MB 以上,可支援更多網路服務如下:

- ◆ 網際網路存取 (Internet Access)
- ◆ 隨選視訊 (Video Conference)
- ◆ 視訊會議 (Video Conference)
- ◆ 遠距教學 (Distance Lerning)
- ◆ 社區網路 (Intranet Access)
- ◆ 網路電話 (Voice over Internet Protocol)

Cable Modem 目前可分為兩大類:

1. **單向式 Cable Modem**

   下載資料是由有線電視的同軸電纜傳輸資料,但上傳時則由傳統的電話撥接方式傳輸信號資料。

2. **雙向式 Cable Modem**

   上傳、下載資料是由有線電視的同軸電纜傳輸信號資料。

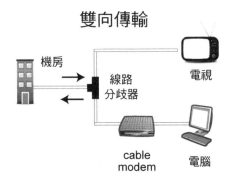

⬆ 纜線數據機傳輸架構
(資料來源:豐盟有線電視)

非對稱的數位用戶線路 (ADSL) 與纜線數據機 (Cable Modem) 比較：

	Cable Modem	ADSL Modem
傳輸特性	非對稱式 (Share)	非對稱式
傳輸速度	上傳：5MB 下載：30MB	上傳：1MB 下載：7MB
使用線纜	Coaxial (同軸電纜)	Single Twisted-pair (雙絞線)
線纜特性	專線	專線 (5 公里以內)
網路架構	串接型，維修不易	星型，容易維修
影音服務	可	佳
系統安全	差	佳
所需硬體	Cable Modem、網路卡	ADSL Modem、網路卡
系統缺點	雙向效率有待改善	設備建置成本較高

5-5-3 專線連接

傳統使用電線的傳輸方式，其實已經可以達到一般對於網際網路的需求。而通常我們所使用的 T 載波的技術，它長得有點像電話線，其頻寬可以分成 T1、T2、T3、T4 四種。

目前 T 專線使用於一般大型企業及網咖業者，一般網咖所使用的「T1」專線，又分為兩種，一種是共享式的 T1 專線，一種是 ADSL 的 T1 專線。

1. **共享式的 T1 專線**

   由總公司申請，經由申請電路的方式，將頻寬分享至各分店，每月只需付電路費即可。

2. **ADSL 式的 T1 專線**

   下載 1.544Mbps，上傳 384Kbps 的專線，每月需付電路費及月租費，價格較高。

另外 T3、T4 專線一般用戶用不到它，這些專線是由民營的 ISP (網際網路供應商) 向中華電信承租，作為民營電信業者的專用線路。

5-5-4 整合服務數位網路 (ISDN)

ISDN 就是 Integrated 整合、Service 服務、Digital 數位和 Network 網路的組合，提供使用者點對點的數位網路連接，可以使用網路中同一個數位交換機和數位通道作為語音及非語音的傳輸，提供不同的信號傳輸路徑。它也是屬於專線的連接方式，目前世界上的 ISDN 標準有三種：

1. 美規 (ANSI 或稱 American Standard)：使用範圍北美地區。

2. 歐規 (ETSI 或稱 Euro-ISDN、EDSS1、European Standard)：使用範圍最廣全歐洲、包括亞洲與中南美洲。

3. 日規 (NET INS-64，Japan Standard)：使用範圍日本。

ISDN 有兩種信號傳輸方式：

1. **BRI (Basic Rate Interface)**：基本速率介面，分為 3 個傳輸通道，其中兩個為 64Kbps B 通道和一個 16Kbps 的 D 通道。

2. **PRI (Primary Rate Interface)**：原級速率介面，分為 24 個傳輸頻道，其中 23 個為 64Kbps B 通道和一個 64Kbps 的 D 通道。

ISND 目前所能提供的服務大致如下：

1. 語音
2. 文件
3. 數據
4. 影像
5. 音樂
6. 視訊
7. 監控訊號

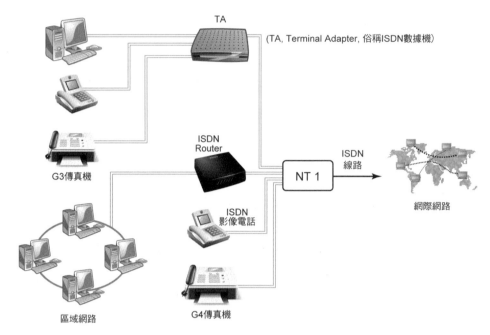

▲ ISDN 架構圖 (資料來源：中華電信)

5-5-5 高速網路

目前高速網路發展至今，最大目的不外乎速度快、容錯性高等，高速網路大約可分為分散式光纖網路 (Fiber Distributed Data Interface，FDDI)、非同步傳輸模式 (Asynchronous Transfert Mode，ATM) 及超高速乙太網路 (Gigabit Ethernet) 等三種，如表：

種類	特性
FDDI	1. 國際間最早使用的高速網路，國內大學曾使用。 2. 現今中華電信網路骨幹使用。 3. 傳送速率為 100Mbps。
ATM	1. 以 53Bytes 固定長度的晶格 (細胞) 為基礎的高速分封交換技術。 2. 傳送前先建立虛擬網路再傳送，避免資料碰撞再重傳，資料量大或是急迫的資料會先行送出，適合傳送影音多媒體信號。 3. 佈置台灣全島主體骨幹。 4. 傳送速率分為 622Mbps、155Mbps、100Mbps、51Mbps 等。
Gigabit Ethernet	1. 乙太網路與高速乙太網路相容。 2. 傳送速率為 1Gbps。

補充

Peer-to-Peer

1. 端對端或者群對群技術,指對等網中的節點電腦 (peer-to-peer,簡稱 P2P) 又稱對等網際網路技術,依賴網路中各連線電腦的計算能力和頻寬,而不是聚集在較少的幾台伺服器上。

2. P2P 網路通常用於透過 Ad Hoc 連線來連電腦,加速檔案分享。

(　) 01. 下列哪一種架構主要用於連結小區域內 (1 公里的範圍) 的電腦設備？
(A) LAN　(B) MAN　(C) PSTN　(D) WAN　　　　　　　　[91 二技]

(　) 02. 小明受命規劃公司內部的網路連線，公司所有的部門在同一棟大樓內，他應當利用下列哪一種網路？
(A) 區域網路　　　　　　　(B) 廣域網路
(C) 網際網路　　　　　　　(D) 衛星網路　　　　　　　[93 統測]

(　) 03. 根據網路規模的大小以及距離的遠近，台灣學術網路 (TANet) 屬於：
(A) 個人網路　　　　　　　(B) 廣域網路
(C) 都會網路　　　　　　　(D) 區域網路　　　　　　　[97 統測]

(　) 04. 下列有關 P2P (peer-to-peer) 網路的敘述，何者錯誤？
(A) 一般而言，P2P 網路內，每一部電腦都具有 Server 與 Client 的身份
(B) P2P 網路內，通常有一部以上的 Server 提供 P2P 服務
(C) P2P 網路內，通常有一部以上的 Client 要求 P2P 服務
(D) Server 的角色極為重要，所以若某一部 Server 故障，將導致整個 P2P 網路停止運作　　　　　　　[94 二技]

(　) 05. 在「企業內的網路」稱為下列何者？
(A) Telnet　(B) Extranet　(C) Intranet　(D) Internet　　[95 技競]

(　) 06. 在「企業內部的網路」稱為下列何者？
(A) Telnet　(B) Extranet　(C) Intranet　(D) Internet　　　[丙檢]

(　) 07. 在家中上網時，較不常採用下列哪一種方式？
(A) 非對稱數位用戶線路 (ADSL)
(B) 纜線數據機 (Cable Modem)
(C) 數據機 (Modem) 撥接
(D) 專線固接　　　　　　　[91 統測]

(　) 08. 下列哪一種連上網路方式必須先撥通電話 (例如撥電話到 7223333) 後，才能進行後續的連線作業？
(A) 專線固接　　　　　　　(B) Cable modem 上網
(C) ADSL 撥接　　　　　　(D) 數據機撥接　　　　　　[92 統測]

(　) 09. 下列何者代表「企業內部網路」？
(A) Hinet　　　　　　　　(B) Internet
(C) Intranet　　　　　　　(D) Seednet　　　　　　　[97 統測]

( ) 10. 有關 ADSL 的敘述，下列哪一項正確？
    (A) ADSL 的用戶與機房之間的距離不受限制
    (B) ADSL 上下行傳輸的速率一樣
    (C) ADSL 目前的傳輸速率已經可達到 100Mbps
    (D) 用戶在打電話時 ADSL 的連線較容易中斷　　　　[97 技競]

( ) 11. 為了符合網路朝向視訊、語音、資料傳輸三者整合的時代，下列何種連線方式最不適用？
    (A) 非對稱數位用戶迴路 (ADSL)
    (B) 56K 數據機 (Modem) 撥接
    (C) 纜線數據機 (Cable Modem)
    (D) 專線 (T1) 固接　　　　　　　　　　　　　[94 統測]

( ) 12. 張總經理位於台北總公司，想利用視訊會議與位於紐約的客戶進行合約談判，下列何種下載/上傳網路頻寬 (以 bps 為單位) 是此視訊會議「最佳」的選擇？
    (A) 64K/64K　　　　　　(B) 128K/2M
    (C) 512K/512K　　　　　(D) 2M/128K　　　　[94 統測]

( ) 13. 下列何者敘述有誤？
    (A) ADSL 中文稱為非對稱數位用戶線路
    (B) ADSL 使用電話線作傳輸媒介
    (C) ADSL 不能同時上網及講電話
    (D) ADSL 上傳及下載資料時的傳輸速率不對稱　[96 技競、丙級]

( ) 14. 一部電腦要上網至網際網路時，一般均需透過網際網路服務公司 (即 ISP) 的伺服主機進入 Internet 世界，下列何者不是這類網際網路服務公司？
    (A) 台灣學術網路 (TANet)　(B) 奇摩雅虎或蕃薯藤
    (C) HiNet 或 SeedNet　　　(D) 有線電視業者　　[93 統測]

( ) 15. 有線電視 (第四台) 業者，常用下列何者提供寬頻上網服務？
    (A) ISDN　　(B) Cable MODEM　　(C) 固網專線　　(D) ADSL　[93 統測]

( ) 16. 大部分的組織及個人都必須經由 ISP 的伺服器，才能和網際網路相連，下列何者為台灣學術網路媒介？
    (A) HiNet　　(B) TANet　　(C) SEEDNet　　(D) Intel　　[93 統測]

(　) 17. 下列何種連線方式無法提供寬頻上網？
(A) 數據機 (Modem)
(B) 電視電纜數據機 (Cable Modem)
(C) 非對稱數位用戶迴路 (ADSL)
(D) 固接專線 (T1) [93 統測]

(　) 18. 傳統類比式有線電視，一條線路能夠同時傳送多個視訊頻道，此種訊號傳送方式稱為：
(A) 寬頻 (broadband)
(B) 基頻 (base band)
(C) 非同步傳輸 (asynchronous)
(D) 同步傳輸 (synchronous)

(　) 19. 使用者備有數據機，配有撥接帳號，就可透過家裡之電話線路撥接上 ISP，連上 Internet，下列何者屬學術界使用之免費 ISP？
(A) HiNet　(B) SEEDnet　(C) TANet　(D) So-Net

(　) 20. 下列何種方式不提供給使用者連上 Internet 的服務？
(A) ADSL　(B) Skype　(C) 3G　(D) ISP

(　) 21. 關於固接和撥接的說明，下列何者正確？
(A) 固接是指透過數據機和電話線連上 ISP 的伺服器，再連上網際網路
(B) 固接是使用在傳輸的資料量很大，連線的次數很頻繁，多人同時要上網，且使用時間較長者
(C) 撥接式的傳輸品質比固接式高
(D) 撥接式的傳輸效率會比固接式高

(　) 22. 將網際網路的架構應用在企業營運的架構，模擬成網際網路上的各種服務，此種網路稱為？
(A) ISDN　(B) Internet　(C) Intranet　(D) WAN

(　) 23. 個人電腦利用 ADSL 連上 Internet，下列敘述，何者最為正確？
(A) ADSL 使用純類比電路，使用光纖
(B) ADSL 使用純類比電路，使用傳統電話線路
(C) ADSL 使用純數位電路，使用傳統電話線路
(D) ADSL 使用純數位電路，使用光纖

( ) 24. ISP (Internet Service Provider) 所提供的服務不包含下列何者？
(A) 提供免費個人網頁
(B) 提供連線上網
(C) 提供國安局機密資料全文免費查詢
(D) 提供免費電子郵件帳號 [丙檢]

( ) 25. 下列何者不屬於「寬頻」上網？
(A) Cable Modem
(B) ADSL
(C) 56K 數據機撥接上網
(D) 申請 T1 專線

( ) 26. 下列何者是利用有線電視的頻道做為資料傳輸的媒介？
(A) ATM (B) ADSL
(C) Cable Modem ADSL (D) ISDN [丙檢]

( ) 27. 目前在國內最大的「學術性網際網路」服務機構為下列何者？
(A) HiNet (B) BitNet
(C) SeedNet (D) TANet [丙檢]

( ) 28. 在「數位的傳輸方式」中，其「傳輸速率」係指下列何者？
(A) 速度每秒多少個位元 (bps)
(B) 網路卡的傳輸能力
(C) 傳輸線的粗細
(D) 頻道的最高頻率和最低頻率的差 [丙檢]

( ) 29. 在「數位的傳輸頻道」中，其頻道的「頻寬」係指下列何者？
(A) 頻道的最高頻率和最低頻率的差
(B) 速度每秒多少個位元 (bps)
(C) 傳輸線的粗細
(D) 網路卡的傳輸能力 [丙檢]

( ) 30. 如果要以個人電腦撥接上網，下列何者不一定需要？
(A) 電話號碼和電話線
(B) ISP 提供的帳號及密碼
(C) 在 Windows 開機時以帳號和密碼登入
(D) 數據機或網路卡 [乙檢]

( ) 31. 下列敘述何者是錯誤的？
(A) 衛星傳輸是一種無線傳輸的方式
(B) 光纖網路是一種無線網路
(C) 使用手機上網是利用無線網路
(D) 使用電話撥接上網是利用有線網路 [90 統測]

( ) 32. 在家中上網時，較不常採用下列哪一種方式？
(A) 數據機 (Modem) 撥接
(B) 專線固接
(C) 非對稱數位用戶線路 (ADSL)
(D) 纜線數據機 (Cable Modem)

( ) 33. 在通訊科技發達的今日，網路已由基頻 (Baseband) 邁向寬頻
(Broadband)。下列有關基頻與寬頻的敘述，何者不正確？
(A) 基頻或寬頻係取決於使用的傳輸媒體
(B) 寬頻以類比訊號傳輸資料，同一時間能傳輸文字、聲音與視訊等
(C) 有線電視網 (Cable Network) 與非對稱用戶迴路 (ADSL) 都是屬於
寬頻網路
(D) 寬頻網路可以提供遠距教學、虛擬實境與線上電玩等服務

( ) 34. 如果從企業網路環境建置的角度而言，下列何種作業系統最適合用來
架設網路伺服器主機？
(A) Android (B) Windows XP
(C) UNIX (D) Windows 7 [101 統測]

( ) 35. 下列環境，何者較適合使用同軸電纜數據機 (cable modem) 上網？
(A) 傳統電話線
(B) 有線電視纜線
(C) 無線電視天線
(D) 網路雙絞線 [94 統測]

( ) 36. 下列何者是利用有線電視的頻道做為資料傳輸的媒介？
(A) ATM (B) Cable Modem ADSL
(C) ADSL (D) ISDN [丙檢]

( ) 37. 老李每天一到公司，進辦公室後立即啟動電腦，螢幕上慢慢出現
Windows 作業系統的開機畫面；接著電腦要求老李輸入使用者帳號及
密碼，老李隨意敲下了鍵盤的 Enter 鍵之後，立即進入 Windows 的桌
面。老李接著點選「郵件」圖示，在進入「郵件」視窗之後，點選其
中的「傳送／接收」動作，很快的郵件清單一一呈現在老李的眼前。
為了快速上網取得郵件，老李應該在辦公室裝設下列何種設備？
(A) 28.8K Modem
(B) ADSL Modem
(C) 56K Modem
(D) 64K Modem   [91 統測]

( ) 38. 有線電視 (第四台) 業者，常用下列何者提供寬頻上網服務？
(A) Cable MODEM   (B) ADSL
(C) ISDN   (D) 固網專線   [93 統測]

( ) 39. 將網際網路的架構應用在企業營運的架構，模擬成網際網路上的各種
服務，此種網路稱為？
(A) Intranet   (B) Internet
(C) WAN   (D) ISDN

( ) 40. 整合服務數位網路的英文簡稱為？
(A) INTERNET   (B) NII
(C) ISDN   (D) ISBN

( ) 41. 網路規模介於區域網路 (local area network) 及廣域網路 (wide area
network) 之間者稱為：
(A) 都會網路 (metropolitan area network)
(B) 主從式網路 (client-server)
(C) 對等式網路 (peer-to-peer)
(D) 網際網路 (internet)   [104 統測]

( ) 42. 一般公司為連接各個部門資訊達到資源共享進而提升行政效率，所建
立的企業內部網路稱為：
(A) Extranet   (B) Intranet
(C) Internet   (D) Telnet   [102 統測]

( ) 43. 下列敘述何者正確？

(A) IEEE802.11 是一種無線區域網路的標準

(B) TCP 是一種網路層的協定

(C) POP3 負責郵件伺服器間郵件的傳送

(D) SMTP 負責郵件伺服器與用戶端之間的電子郵件下載　　[106 統測]

( ) 44. 下列何項傳輸媒介沒有方向性、而有穿透力且普遍被用於無線區域網路中？

(A) 光纖　　　　　　　　　(B) 紅外線

(C) 無線電波　　　　　　　(D) 聲納　　　　　　　　　[102 統測]

( ) 45. 下列哪一項網路設備適合用來建構無線區域網路？

(A) AccessPoint　　　　　　(B) Router

(C) Gateway　　　　　　　(D) Bridge　　　　　　　　[108 統測]

( ) 46. 下列通訊網路相關的標準中，何者常被歸類為無線區域網路 (WLAN)？

(A) RS485　　　　　　　　(B) RS232

(C) IEEE802.11　　　　　　(D) IEEE802.3　　　　　　[106 統測]

ITS 考題觀摩

( ) 01. 哪種類型的廣域網路連線技術最常見？

(A) 有線電視　(B) POTS　(C) ATM　(D) ISDN

( ) 02. 最常見的廣域網路 WAN 連接技術為哪個？

(A) ISDN　(B) 撥接　(C) 租用線路　(D) T1

( ) 03. 使用 DSL 進行 WAN 連線會有哪兩個優點？

(A) DSL 是企業網路中 WAN 點對點連結的慣用方法

(B) DSL 支援比纜線數據機和 ISDN 更大的寬頻

(C) DSL 是使用標準電話公司服務線路所實作

(D) DSL 提供具成本效益的方式，讓小型辦公室/家庭辦公室連線至網際網路

(E) DSL 不用考慮是否需要使用 ISP 來連線至網際網路

( ) 04. 你正在學生交誼廳中準備期末考，當你的膝上型電腦連線至無線網路時，網際網路的存取速度很慢，當你將膝上型電腦連接上牆上的插孔時，卻再也無法存取網際網路，你執行了 ipconfig/all 命令結果如下圖所示，請評估本圖，然後決定無線介面卡的 IP 位址設定方式？

(A) 透過 DHCP　　(B) 手動　　(C) 透過 APIPA

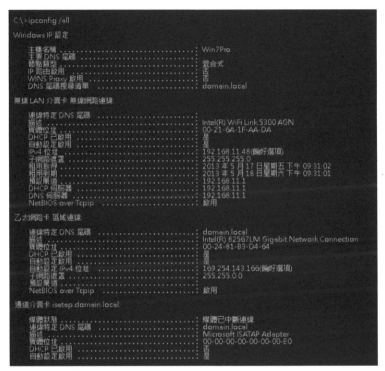

```
C:\>ipconfig /all
Windows IP 設定

    主機名稱 . . . . . . . . . . . . : Win7Pro
    主要 DNS 尾碼 . . . . . . . . . . :
    節點類型 . . . . . . . . . . . . : 混合式
    IP 路由啟用 . . . . . . . . . . . : 否
    WINS Proxy 啟用 . . . . . . . . . : 否
    DNS 尾碼搜尋清單 . . . . . . . . . : domain.local

無線 LAN 介面卡 無線網路連線:

    連線特定 DNS 尾碼 . . . . . . . . :
    描述 . . . . . . . . . . . . . . : Intel(R) WiFi Link 5300 AGN
    實體位址 . . . . . . . . . . . . : 00-21-6A-1F-AA-DA
    DHCP 已啟用 . . . . . . . . . . . : 是
    自動設定啟用 . . . . . . . . . . : 是
    IPv4 位址 . . . . . . . . . . . . : 192.168.11.48(偏好選項)
    子網路遮罩 . . . . . . . . . . . : 255.255.255.0
    租用取得 . . . . . . . . . . . . : 2013 年 5 月 17 日星期五 下午 09:31:02
    租用到期 . . . . . . . . . . . . : 2013 年 5 月 18 日星期六 下午 09:31:01
    預設閘道 . . . . . . . . . . . . : 192.168.11.1
    DHCP 伺服器 . . . . . . . . . . . : 192.168.11.1
    DNS 伺服器 . . . . . . . . . . . : 192.168.11.1
    NetBIOS over Tcpip . . . . . . . : 啟用

乙太網路卡 區域連線:

    連線特定 DNS 尾碼 . . . . . . . . : domain.local
    描述 . . . . . . . . . . . . . . : Intel(R) 82567LM Gigabit Network Connection
    實體位址 . . . . . . . . . . . . : 00-24-81-B3-D4-64
    DHCP 已啟用 . . . . . . . . . . . : 是
    自動設定啟用 . . . . . . . . . . : 是
    自動設定 IPv4 位址 . . . . . . . . : 169.254.143.166(偏好選項)
    子網路遮罩 . . . . . . . . . . . : 255.255.0.0
    預設閘道 . . . . . . . . . . . . :
    NetBIOS over Tcpip . . . . . . . : 啟用

通道介面卡 isatap.domain.local:

    媒體狀態 . . . . . . . . . . . . : 媒體已中斷連線
    連線特定 DNS 尾碼 . . . . . . . . : domain.local
    描述 . . . . . . . . . . . . . . : Microsoft ISATAP Adapter
    實體位址 . . . . . . . . . . . . : 00-00-00-00-00-00-00-E0
    DHCP 已啟用 . . . . . . . . . . . : 否
    自動設定啟用 . . . . . . . . . . : 是
```

( ) 05. 讓公司與供應商和合作夥伴之間，能夠安全共同作業的網路是？

(A) 外部網路　　(B) 內部網路　　(C) 網際網路

( ) 06. 主從網路特性？

(A) 每部電腦必須共用資源

(B) 集中化管理

(C) 每部電腦必須有帳戶

( ) 07. 只有公司員工，能夠存取的私人網路是？

(A) 外部網路　　(B) 內部網路　　(C) 網際網路

( ) 08. 將全世界許多小型電腦網路，連結起來的龐大電腦網路是？

(A) 外部網路　　(B) 內部網路　　(C) 網際網路

( ) 09. 你的公司，透過一組位在單一地理位址的路由私人 WiFi 網路，來交換資料，這是哪一種類型網路的範例？
(A) 周邊網路　(B) 外部網路　(C) 網際網路　(D) 內部網路

( ) 10. 廣域網路 WAN 的敘述，請選取正確答案？
(A) 網際網路是廣義網路
(B) 在多個城市都設有辦公室的公司利用廣義網路來共用資料
(C) 內部網路是廣域網路

11. 公司考慮使用租用線路作為在同一城市中與其他辦公室的連線。
(是 / 否)　(A) 租用線路會建立兩個位置之間的點對點連結
(是 / 否)　(B) 租用線路是隨時保持連線的雙向連線
(是 / 否)　(C) 租用線路的速度限制在 128Kbps 以下

12. 請將描述與答案做配對。

外部網路・　　　　　・允許受控存取權作特定商務或教育用途的網路

內部網路・　　　　　・只允許組織內部使用者存取的網路

網際網路・　　　　　・互連式網路的系統

6

網路服務

學習重點

- 6-1 動態主機組態協定 (DHCP)
- 6-2 網際網路名稱服務 (WINS)
- 6-3 網域名稱系統 (DNS)
- 6-4 補充

6-1 動態主機組態協定 (DHCP)

動態主機設定通訊協定 (Dynamic Host Configuration Protocol，DHCP) 服務，自動替網路上的用戶端電腦執行 IP 編號工作。DHCP 服務讓住家閘道或主機電腦能自動指派 IP 位址給用戶端電腦。DHCP 服務預設會開始提供位址給網路上的電腦。

網際網路服務提供者 (ISP) 也可能使用 DHCP 服務，為連接到網際網路的使用者電腦指派 IP 位址。這種位址通常稱為動態 IP 位址。每次電腦連接到網際網路時，都可能會指派給它一個不同但卻唯一的號碼。

DHCP Server 發放的 IP 有使用期限，用戶端使用這個 IP 到達期限規定時間，沒有重新提出 DHCP 的申請時，就需要將 IP 繳回去，而造成斷線，之後用戶也可以再向 DHCP 主機要求再次分配 IP。

DHCP 提供安全、可靠及簡單的 TCP/IP 網路設定、避免位址衝突，並有助於保護網路上用戶端 IP 位址的使用。

🎯 Remote Access

利用一個通訊程式，使得其中一部電腦系統能夠透過通訊線路，控制另一端電腦系統的動作，並將其結果反應至操作的電腦系統，稱為遠端遙控。

🎯 LDAP

輕型目錄訪問協議，即 Lightweight Directory Access Protocol (LDAP) 是一個網路目錄服務的協議。目錄是一組具有類似屬性、以一定邏輯和層次組合的信息。常見的例子是電話簿，由以字母順序排列的名字、地址和電話號碼組成。

原先的目錄訪問協議 (Directory Access Protocol，DAP) 對於簡單的網際網路客戶端使用太複雜，IETF 設計並指定 LDAP 做為使用 X.500 目錄的更好的途徑。LDAP 在 TCP/IP 之上定義了一個相對簡單的升級和搜索目錄的協議。

 註解

在 IETF (Internet Engineering Task Force) 網際網路工程任務組負責網際網路標準的開發和推動。

◎ 重要服務的埠號碼

通訊埠號是 TCP/UDP 與上層通訊的通道，當 TCP/UDP 要傳送訊息時，會指定要由哪一個通訊埠號來接收。

SMTP	FTP	Telnet	HTTP
25	21	23	80

6-2 網際網路名稱服務 (WINS)

Windows Internet Name Service (WINS)，Windows 網際網路名稱服務，一種軟體服務，可動態將 IP 位址對應到電腦名稱 (NetBIOS 名稱)。這可讓使用者依名稱存取資源，而不需要使用難以辨識及記憶的 IP 位址。

WINS 主要是一種動態的複寫資料庫服務，在主機上所使用的 NetBIOS 名稱並解析成網路上使用的 IP 位址，WINS 在 Microsoft Windows Server 系列中提供這項元件服務的安裝來實行。

與 DNS 服務也執行類似的功能，不過 DNS 是將網域名稱 (Domain Name) (例如 www.abc.com) 轉換為 IP 位址。

6-3 網域名稱系統 (DNS)

◎ Domain

Domain 網域，屬於網路的一部份且共用公用目錄資料庫的電腦群組。網域是以通用的規則及程序來管理的單位。每個網域的名稱是唯一的。

◎ Domain Name

Domain Name 網域名稱，由系統管理員提供給一群共用一個目錄的網路電腦集合的名稱。網域名稱包含一連串以句點分隔的名稱標籤，如 www.google.com.tw。

🎯 DNS

Domain Name System (DNS) 網域名稱系統，階層式、分散式資料庫，包含 DNS 網域名稱與各種資料類型的對映，例如 IP 位址。DNS 可依照使用者熟悉的名稱來尋找電腦及服務，亦可搜索資料庫中儲存的其他資訊。

🎯 DNS-CNAME 記錄

CNAME 是正式名稱 (Canonical Name) 的縮寫。CNAME 記錄是電腦實際名稱的別名。一部電腦可能具有多個 CNAME 記錄。

🎯 電子郵件的三個主要記錄

1. 郵件交換 (MX) 記錄
2. 指標 (PTR) 記錄
3. 寄件者原則架構 (TXT) 記錄

🎯 MX (郵件交換) 記錄

MX 記錄會告知郵件系統如何處理寄送至特定網域的郵件。它會將郵件的傳送目標告知傳送郵件伺服器。為了確保您的 FOPE 服務正常運作，您的 MX 記錄應該指向 mail.messaging.microsoft.com 而非 IP 位址。這樣做可確保傳送至您網域的郵件會轉送至 FOPE 進行篩選。

如果您的組織具有多個用於接收電子郵件的網域，您就必須針對想要讓 FOPE 服務篩選郵件的每個網域變更 MX 記錄。

🎯 PTR (指標) 記錄

PTR (指標記錄) 是一種用於反向 DNS 的記錄。它與 A 記錄相反並且用於反向對應區域檔案中，以便將 IP 位址 (IPv4 或 IPv6) 對應至主機名稱。當您將電子郵件傳送至某個位置時，它就會接收 IP 並檢查 PTR 記錄以確認 IP 是否等於網域。

🎯 SPF (寄件者原則架構) 記錄

寄件者原則架構是一種用於協助防止電子郵件詐騙的記錄。它可讓您在單一簡易 TXT 記錄中指定用來傳送郵件的所有 IP，並且告知接收伺服器只允許您所列出的外寄伺服器。

6-4 補充

🎯 Name Resolution

Name Resolution 名稱解析，讓軟體在使用者方便使用的名稱及數字 IP 位址間作轉換的程序，對使用者來說很困難，但對於 TCP/IP 通訊來說是必須的。

🎯 FOPE

Forefront Online Protection for Exchange，兼具網路效能與完整過濾病毒及垃圾郵件的全方位郵件安全防護。

🎯 Telnet

1. Telnet 為 Telecommunication Network 的簡稱，是以文字為基礎的簡單程式，使用網際網路連線到另一部電腦。

2. 如果管理員授與連線至該電腦的權限，Telnet 會允許存取遠端電腦之程式和服務，如同在遠端電腦前面一般，Telnet 可以幫您登入 BBS 站、查詢圖書系統、檢視電子資料庫等。

3. 不管是國內國外的主機，您可以利用 Telnet 連上它，login (登錄) 進去，成為那台主機的使用者。當然並不是每台主機都可以讓人 login，我們必須取帳號，密碼，但通常主機都有開放讓 guest 或 anonymous 方便新訪客登入。

🎯 NAT

1. 網路位址轉換 (Network Address Translation) 是一種在 IP 封包通過路由器或防火牆時重寫來源 IP 位址或目的IP 地址的技術。

2. 普遍使用在有多台主機但只通過一個公有 IP 位址存取網際網路的私有網路中。根據規範，路由器是不能這樣工作的，但它的確是一個方便並廣泛被應用的技術。

NAT 也讓主機之間的通訊變得複雜，導致通訊效率的降低。

( ) 01. 在區域網路中建置 DHCP (dynamic host configuration protocol) 伺服器的主要目的為何？
(A) 將網域名稱 (domain name) 轉換為 IP 位址
(B) 分派 IP 位址給網域中的電腦
(C) 儲存已經被擷取過的檔案，以增加網路效能
(D) 掃描病毒的活動，以防止網路內部的電腦感染病毒　　　[95 二技]

( ) 02. 下列何種伺服器的使用可以改善 IP 位址不足的問題？
(A) DHCP Server　　　　　　(B) DNS Server
(C) FTP Server　　　　　　　(D) HTTP Server　　　[93 二技]

( ) 03. 下列何種伺服器具有動態分配 IP 位址及提供相關網路設定的功能？
(A) DHCP server　　　　　　(B) FTP server
(C) Mail server　　　　　　　(D) Web server　　　[95 統測]

( ) 04. 關於網際網路 (Internet) 的位址命名規則，下列何者不正確？
(A) 一般常見的 IP 位址包含 4 個位元組
(B) IP 位址通常可以分為，網路識別代號 Net ID 與主機識別代號 Host ID 兩部分
(C) 網域名稱也是位址的一種表示方式
(D) 機構類別碼中，org 係表示政府機關單位　　　[95 二技]

( ) 05. 網域名稱 (Domain Name) 包含了主機名稱、機構名稱、機構類別以及下列何種資訊？
(A) 路徑檔名　　　　　　　　(B) 存取方法
(C) 地理名稱　　　　　　　　(D) 資料結構　　　[94 統測]

( ) 06. 下列各種通訊協定的說明，何者不正確？
(A) ARP 是負責將 IP 位址轉換成實體位址的通訊協定
(B) DHCP 是提供動態分配 IP 位址服務的通訊協定
(C) Telnet 是提供傳送網頁所用的通訊協定
(D) SMTP 是提供電子郵件傳送服務的通訊協定　　　[98 統測]

( ) 07. 用來提供動態 IP 位址分配服務的協定為？
(A) SMTP　　　　　　　　　(B) POP3
(C) DHCP　　　　　　　　　(D) ARP　　　[97 技競]

( ) 08. DNS 伺服器提供下列何種服務？
   (A) 將網路卡位址轉換成 IP 位址
   (B) 將 IP 位址轉換成網路卡位址
   (C) 將網域名稱 (domain name) 轉換成 IP 位址
   (D) 電子郵件遞送服務　　　　　　　　　　　　　　　　[92 統測]

( ) 09. 在網際網路上，哪一種伺服器專門提供 IP 與網域名稱轉換的服務？
   (A) DNS　　(B) FILE　　(C) FTP　　(D) WWW　　　　[91 統測]

( ) 10. 下列哪一種伺服器最適合用來將網域名稱轉換成 IP 位址？
   (A) DNS Server　　　　　　　(B) IIS Server
   (C) DHCP Server　　　　　　(D) NAT Server　　　　　[106 統測]

( ) 11. 若設定 URL 網址 https://www.moe.gov.tw 為瀏覽器的預設網址，在沒
   有連接網路狀態下開啟瀏覽器時，仍然可以看到部分文字或圖片，可
   能是下列哪一項原因？
   (A) 因為瀏覽器有設定快取 (Cache)
   (B) 因為瀏覽器關閉了 Proxy 伺服器的設定
   (C) 因為 DNS 伺服器保留了該網站的部分資料
   (D) 因為路由器 (Router) 保留了該網站的部分資料　　　[109 統測]

( ) 12. 於瀏覽器輸入 www.edu.tw 網址就可順利地連到該網站，這需要下列
   何種伺服器來提供網址轉換服務？
   (A) DNS　　(B) WWW　　(C) FTP　　(D) MAIL　　　　[104 統測]

🎯 ITS 考題觀摩

( ) 01. 下列何種 DNS 紀錄類型是另一個位址記錄的別名？
   (A) MX　　　　　　　　　　(B) CNAME
   (C) SOA　　　　　　　　　　(D) NS

( ) 02. 執行 windows 的電腦在啟動時找不到 DHCP 伺服器，而上次租用的位
   址又過期了，請問會如何因應？
   (A) 停用 TCP/IP
   (B) 自動與網路中斷連線
   (C) 自已產生 APIPA 位址
   (D) 繼續使用上次租用的位址

( ) 03. DNS 名稱解析程序中的第一個步驟是下列何者？
(A) 用戶端檢查本機 LMHOSTS 檔案是否有該名稱項目
(B) 將查詢傳送到用戶端的主要 DNS 伺服器
(C) 用戶端檢查本機 HOSTS 檔案是否有該名稱項目
(D) 用戶端檢查已判斷解析中的名稱是否為其本身的名稱

( ) 04. 將完整網域名稱 (FQDN) 解析為 IP 位址的服務是下列何者？
(A) 動態主機設定協定 (DHCP)
(B) 簡易網管協定 (SNMP)
(C) 網域名稱服務 (DNS)
(D) 位址解析協定 (ARP)

( ) 05. 想要使用 IP 位址進行查詢並取得 FQDN 回應，會使用哪種 DNS 的資源紀錄？
(A) CNAME　　(B) PTR　　(C) NS　　(D) AAAA

( ) 06. 使用網域名稱 (FQDN) 來 ping 伺服器沒有回應，但用其 ip 來 ping 同一台伺服器卻有回應，是什麼原因？
(A) 無法解析 DNS　　　　　(B) DHCP 伺服器已離線
(C) PING 設定不正確　　　　(D) IP 服務已停止

( ) 07. 用戶端電腦的 HOSTS 檔案會包含什麼資訊？
(A) IP 位址對應的 netBIOS 名稱
(B) 網際網路及跟 DNS 伺服器的清單
(C) 本地 DNS 伺服器的清單
(D) IP 位址對應的 FQDN

( ) 08. 哪個命令可以強制用戶端電腦向 DHCP 伺服器更新其位址？
(A) ipconfig　　(B) netstat　　(C) pathping　　(D) netsh

( ) 09. 下列哪項服務是負責提供 NetBIOS 名稱解析為 IP 位址的服務？
(A) ARP　　(B) DHCP　　(C) WINS　　(D) DNS

( ) 10. 哪種類型的 DNS 資源紀錄可以將 IP 位址對應為網域名稱？
(A) AAAA　　(B) PTR　　(C) CHAME　　(D) A

( ) 11. 網路中需要支援舊版 NetBIOS 應用程式，須用下列何者進行解析？
(A) WINS 伺服器　　　　　(B) 用戶端 HOSTS 檔案
(C) NETBIOS　　　　　　　(D) DNS 伺服器

( )　12. 用來查詢網路資源的協定是哪個？
　　　　(A) NFS　　(B) UDP　　(C) LDAP　　(D) ICMP

( )　13. DHCP 有哪兩個功能？
　　　　(A) 指派用戶端設定參數　　　　(B) 將 MAC 位址對應至 IP 位址
　　　　(C) 存取遠端伺服器　　　　　　(D) 租用 IP 位址

( )　14. 哪種類型的 DNS 資源記錄會將主機名稱對應至 IPv4 位址？
　　　　(A) CHAME　　(B) AAAA　　(C) PTR　　(D) A

( )　15. Windows Server 伺服器安裝遠端存取伺服器角色，你需要將路由器設
　　　　定為可以提供私人 IPv4 位址的內部用戶端存取網際網路，並瀏覽至更
　　　　多個網站，應該設定哪一項？
　　　　(A) WAP　　(B) NAT　　(C) DHCP　　(D) VPN

( )　16. 當 DHCP 發給用戶端的位址到期時，該用戶端將會？
　　　　(A) 嘗試更新其對該位址的租用
　　　　(B) 產生對子網路有效的新位址，並要求 DHCP 伺服器核准
　　　　(C) 繼續使用該位址，直到被告知停止
　　　　(D) 與網路中斷連線

( )　17. 哪個服務會遮蔽內部 IP 位址以防止外部網路存取？
　　　　(A) WINS　　(B) NAT　　(C) DHCP　　(D) DNS

( )　18. 下列哪一項服務具備指標記錄和 A 記錄？
　　　　(A) DNS　　(B) NAT　　(C) IPS　　(D) IDS

( )　19. 當網際網路發生問題，路由器的 DHCP 服務未正常運作，可以透過哪
　　　　種位址來判斷路由器的 DHCP 服務無法正常運作？
　　　　(A) 10.19.1.15　　　　　　　　(B) 172.16.1.15
　　　　(C) 169.254.1.15　　　　　　　(D) 192.168.1.15

( )　20. 使用者回報說，無法從公司網路連線至網路資源，這位使用者昨天可
　　　　以正常使用，而該使用者的電腦在實體上已正確連接至網路，IP 為
　　　　169.254.48.97，每個子網路都有各自的 DHCP 伺服器，你需要復原網
　　　　路資源的存取，接下來該做甚麼？
　　　　(A) 使用 ping 嘗試聯絡最接近的路由器
　　　　(B) 確認 DHCP 服務可用
　　　　(C) 執行 pathping
　　　　(D) 重設使用者在伺服器上的密碼

(　) 21. 想要使用 IP 位址進行查詢並取得提供其 FQDN 的回應時，你會使用哪種類型 DNS 資源記錄？

　　　　(A) NS　　(B) CHAME　　(C) A　　(D) PTR

22. 執行 windows 8.1 和 windows 10 的網路用戶端電腦已設定透過 DHCP 接收 IPv4 位址，DHCP 伺服器失敗，下列描述是否正確？

(是 / 否)　(A) 用戶端會在經過一半租用期間時嘗試更新位址租用

(是 / 否)　(B) 用戶端會在經過整個租用期間後繼續使用其位址

23. 下列敘述正確選"是"，錯誤選"否"。

(是 / 否)　(A) 使用遞迴 DNS 查詢時，DNS 伺服器會聯絡任何其他已知的 DNS 伺服器來解析要求

(是 / 否)　(B) 當系統無法根據本機資料解析反覆查詢時，必須將此查詢呈報給根目錄 DNS 伺服器

(是 / 否)　(C) 當 DNS 伺服器沒有設定轉寄站時，如果他嘗試尋找本機網域以外的名稱就會進行反覆查詢

24. 請將熟知的 TCP 連接埠與對應的服務進行配對。

　　　　25 ・　　　　　　・ SMTP

　　　　21 ・　　　　　　・ FTP

　　　443 ・　　　　　　・ HTTPS

　　　389 ・　　　　　　・ LDAP

　　　　20 ・　　　　　　・ FTP 資料

　　　161 ・　　　　　　・ SNMP

　　　　53 ・　　　　　　・ DNS

25. 使用 IPV4 內容來設定伺服器，以便透過網路進行通訊，如下資訊，請問

   IP 位址的網路識別碼是_____

   IP 位址的主機識別碼是_____

   實體位址：EC-8E-B5-46-61-43
   DHCP 已啟用：是
   IPv4 位址：192.168.0.110
   IPv4 子網路遮罩：255.255.255.0
   已取得租約：2018 年 11 月 6 日 上午 12:16:04
   租約到期：2018 年 11 月 13 日 上午 12:16:03
   IPv4 預設閘道：192.168.0.99
   IPv4 DHCP 伺服器：192.168.0.99
   IPv4 DNS 伺服器：8.8.8.8, 8.8.4.4
   IPv4 WINS 伺服器：
   NetBIOS over Tcpip 已啟用：是

7

命令方式操作

學習重點

- 7-1 Ipconfig
- 7-2 Ping
- 7-3 Tracert
- 7-4 Netstat
- 7-5 Nslookup
- 7-6 Pathping

7-1 Ipconfig

ipconfig 是微軟作業系統上，用來控制網路連線的一個命令列工具。主要功用，包括用來顯示網路連線的設定 (/all 參數)，或透過/release 參數來釋放取得的 IP 位置，或透過 /renew 來重新獲取 ip 位置的分配。

參數表

參數	說明
/?	顯示幫助資訊
/all	顯示現時所有網路連線的設定
/release	釋放某一個網路上的 IP 位置
/renew	更新某一個網路上的 IP 位置
/flushdns	把 DNS 解析器的暫存內容全數刪除

範例說明

```
ipconfig
```

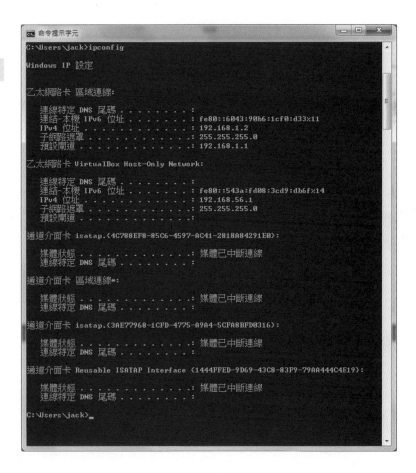

範例說明

`Ipconfig/all`

7-2 Ping

Ping 是一個網路工具,用來測試能否通過 IP 到達特定主機。

Ping 指令向目標主機傳出一個要求封包,等待接收回應封包。程式會按時間和反應成功的次數,估計失去封包率 (丟包率) 和封包來回時間 (網路時延) (Round-trip delay Time)。

範例說明

```
ping www.hinet.net
```

Ping 指令整理

ping 127.0.0.1	檢查本機電腦是否安裝，並正確設定 TCP/IP。
ping 本機主機的 IP 位址	無法 Ping 本機 IP 位址，可能是路由表或網路介面卡驅動程式有問題。
ping 預設閘道的 IP 位址	如果 Ping 失敗，代表網路介面卡、路由器或閘道裝置、纜線連接或其他連線硬體發生問題。
Ping 遠端主機的 IP 位址	如果 Ping 失敗，代表遠端主機無回應，或者是電腦間的網路硬體有問題。
ping 遠端主機的主機名稱	如果能成功 Ping 到 IP 位址，但是卻無法 Ping 到電腦名稱，代表主機名稱解析，而不是網路連線問題。檢查電腦是否已設定 DNS 伺服器位址，可以在 TCP/IP 內容中手動設定或透過自動指派的方式設定。

7-3 Tracert

Tracert 診斷程式會傳送「網際網路控制訊息通訊協定」(ICMP) 回應封包給目的地，以確定到目的地所經的路徑。可以使用 Tracert 找出封包在網路上停止的位置。對於有多條路徑可以通到同一點的大型網路，或是涉及許多中介元件 (路由器或橋接器) 的大型網路，Tracert 是很有用的疑難排解工具。

Tracert 指令的參數說明：

參數	說明
-d	指定不將位址解析成主機名稱
-h maximum_hops	指定用於搜尋目標的最大躍點數
-j host-list	指定沿著 host-list 的概略來源路由
-w timeout	對每個回覆，要等候 timeout 所指定的毫秒數
target_host	指定目標主機的名稱或 IP 位址

🎯 範例說明

```
Tracert  www.ntu.edu.tw
```

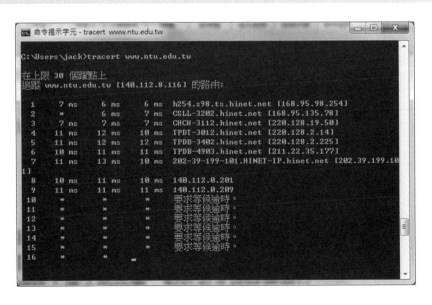

可以很清楚發現直到編號 9 的網路段都是順暢的。

7-4 Netstat

顯示通訊協定統計及目前的 TCP/IP 連線。

參數	說明
netstat -a	顯示所有連線
netstat -r	顯示路由表及使用中的連線。
netstat –o	顯示處理程序識別碼，讓您檢視各連線的連接埠的擁有者。
netstat -e	會顯示 Ethernet 統計
netstat -s	則會顯示每一通訊協定的統計。
netstat -n	不會將位址及連接埠編號轉換成名稱。

🎯 **netstat 使用範例**

```
netstat -r
```

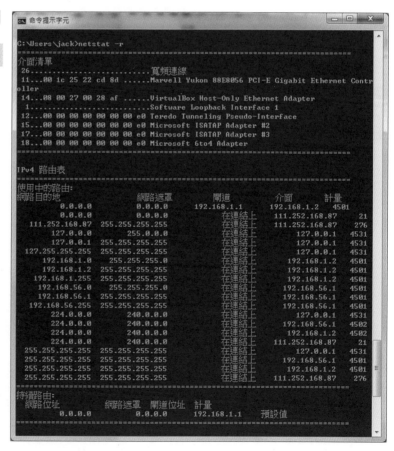

可以很清楚的觀察到 Ipv4 路由表的細節。

7-5 Nslookup

Nslookup.exe 是用來測試和疑難排解 DNS 伺服器的命令列管理工具。

使用 Nslookup.exe，注意事項：

1. TCP/IP 通訊協定必須安裝在執行 Nslookup.exe 的電腦上

2. 當您從命令提示字元執行 IPCONFIG /ALL 命令時，至少必須指定一種 DNS 伺服器。

3. Nslookup 永遠會從目前的內容移轉名稱。如果您無法完整地限定名稱查詢 (即在結尾使用.)，查詢將附加到目前的內容。例如，目前的 DNS 設定是 att.com，且查詢是在 www.microsoft.com 上執行；則因為未限定查詢，第一個查詢將成為 www.microsoft.com.att.com。

4. 請一律使用「完整格式網域名稱」(也就是在名稱結尾加上.)。

🎯 語法

```
nslookup [-option] [hostname] [server]
```

NAME	列印關於主機/網域 NAME 的資訊，使用預設伺服器
NAME1 NAME2	同上，不同的是使用 NAME2 做為伺服器
help 或 ?	列印一般命令的資訊
set OPTION	設定選項
all	列印選項、目前的伺服器和主機
[no]debug	列印除錯資訊
[no]d2	列印詳細的除錯資訊
[no]defname	將網域名稱附加到每個查詢
[no]recurse	要求遞迴的查詢解答
[no]search	使用網域搜尋清單
[no]vc	始終使用虛擬電路
domain=NAME	將預設網域名稱設為 NAME
srchlist=N1[/N2/.../N6]	將網域設為 N1，將搜尋清單設為 N1、N2 等等

root=NAME	將根伺服器設為 NAME
retry=X	將重試次數設為 X
timeout=X	將初始的逾時間隔設為 X 秒
type=X	設定查詢類型 (例如，A、ANY、CNAME、MX、NS、PTR、SOA、SRV)
querytype=X	與類型相同
class=X	設定查詢類別 (例如 IN (網際網路)、ANY)
[no]msxfr	使用 MS 快速區域轉送
ixfrver=X	目前使用於 IXFR 轉送要求的版本
server NAME	將預設伺服器設為 NAME，使用目前預設的伺服器
lserver NAME	將預設伺服器設為 NAME，使用初始的伺服器
finger [USER]	在目前的預設主機追蹤選擇性的 NAME
root	將目前的預設伺服器設為根伺服器
ls [opt] DOMAIN [> FILE]	列出網域中的位址 (選擇性：輸出至檔案)
a	列出正式名稱與別名
d	列出所有記錄
t TYPE	列出指定類型的記錄 (例如，A、CNAME、MX、NS、PTR 等等)
view FILE	排序 'ls' 輸出檔案並使用 pg 檢視
exit	結束程式

*附註：識別碼以大寫顯示，[] 表示是選擇性的

🎯 指令範例説明

指令範例	說明
C:\ >nslookup www.thu.edu.tw	.查 A record
C:\>nslookup -type=mx mail.cycivs.tcc.edu.tw	.查 MX record
C:\>nslookup -type=cname www.thu.edu.tw	CNAME record
C:\>nslookup -type=ns www.thu.edu.tw	查 name server
C:\>nslookup www.google.com dns.thu.edu.tw	指定 name server

1. 執行例 1

```
C:\Users\jack>nslookup -type=ns www.thu.edu.tw
伺服器:  hntp1.hinet.net
Address:  168.95.192.1

thu.edu.tw
        primary name server = dns.thu.edu.tw
        responsible mail addr = randall.thu.edu.tw
        serial  = 2011022400
        refresh = 7200 (2 hours)
        retry   = 120 (2 mins)
        expire  = 2419200 (28 days)
        default TTL = 3600 (1 hour)

C:\Users\jack>
```

2. 執行例 2

```
C:\Users\jack>nslookup www.google.com dns.thu.edu.tw
伺服器:  dns.thu.edu.tw
Address:  140.128.99.1

名稱:    www.google.com
Served by:
- a.gtld-servers.net
        192.5.6.30
        2001:503:a83e::2:30
        com
- m.gtld-servers.net
        192.55.83.30
        com
- f.gtld-servers.net
        192.35.51.30
        com
- l.gtld-servers.net
        192.41.162.30
        com
- i.gtld-servers.net
        192.43.172.30
        com
- b.gtld-servers.net
        192.33.14.30
        2001:503:231d::2:30
        com
- h.gtld-servers.net
        192.54.112.30
        com
- c.gtld-servers.net
        192.26.92.30
        com
- d.gtld-servers.net
        192.31.80.30
        com
- e.gtld-servers.net
        192.12.94.30
        com

C:\Users\jack>
```

7-6 Pathping

1. pathping 命令是一種路由追蹤工具。

2. 結合 ping 及 tracert 命令的功能。

3. pathping 命令會在一段時間內將封包傳送給通往最後目的地途中的每個路由器，然後依據每個躍點返回的封包計算結果。

4. 命令會顯示任何指定路由器或連結上的封包遺失程度，所以很容易判定可能導致網路問題的路由器或連結。

Pathping 語法

```
pathping [-g host-list] [-h maximum_hops] [-i address] [-n]
[-p period] [-q num_queries] [-w timeout]
[-4] [-6] target_name
```

pathping 參數

參數	功能
-g host-list	釋放主機清單的來源路由
-h maximum_hops	搜尋目標的躍點數目上限
-i address	使用指定的來源位址
-n	請勿將位址解析為主機名稱
-p period	ping 之間的等候期間 (毫秒)
-q num_queries	每一躍點的查詢數目
-w timeout	每個回覆的等候逾時 (毫秒)
-4	強制使用 IPv4
-6	強制使用 IPv6

🎯 範例說明

```
Pathping www.ntu.edu.tw
```

典型的 pathping 報告執行 pathping 時，您會先看到測試路由問題的結果。

pathping 命令接著顯示下一個 125 秒的忙線訊息。pathping 會收集來自所有先前列出的路由器、以及介於它們之間的連結的資訊。

🎯 ITS 考題觀摩

( ) 01. Ping 主要的用途是什麼？
(A) 自行測試主機本身的網路介面
(B) 解析主機名稱為 IP 位址
(C) 判斷是否可連線至特定主機
(D) 掃描開放的主機防水牆連接埠

( ) 02. 設定網路遊戲，需要開啟防火牆的連接埠，要用什麼命令顯示正在接聽的連接埠？
(A) ipconfig　(B) netstat　(C) nbtstat　(D) ping

( ) 03. Tracert 程式主要的功用是？
(A) 報告封包在網路上所採用的路徑
(B) 以動態管理路由表
(C) 管理節點間的工作階段連線
(D) 報告不同網路間的最短路由

( ) 04. Ping 公用程式使用哪種通訊協定？
(A) SNMP　(B) HTTP　(C) BOOTP　(D) OSPF　(E)ICMP

( ) 05. 哪個公用程式可以用來判斷網域名稱伺服器是否能正常解析網域名稱
(A) nslookup　(B) ipconfig　(C) netstat　(D) nbtstat

( ) 06. 用來列出主機當前使用中連入連線的命令列工具是？
(A) ipconfig　(B) nslookup　(C) netstat　(D) nbtstat

( ) 07. 電腦無法連線至伺服器，伺服器 IP：172.16.2.11
使用工具 Ping 伺服器收到下列訊息：

```
C:\>ping 172.16.2.11
Ping 172.16.2.11 (使用 32 位元組的資料):
要求等候逾時。
要求等候逾時。
要求等候逾時。
要求等候逾時。
```

請問畫面訊息代表，伺服器回應你的 ping 要求是什麼？
(A) 伺服器關機　(B) 伺服器拒絕 Ping 要求　(C) 無法連線

( ) 08. 在 Windows 電腦上，你應該使用哪個公用程式來判斷網域名稱系統，是否將完整網域名稱正確解析為 IP 位址？
(A) NTSTAT (B) NSLOOKUP
(C) IPCONFIG (D) NBTSTAT

( ) 09. 你在設定網路電腦遊戲，你需要開放防火牆的連結埠，讓你的朋友可以加入網路，哪一個命令會顯示電腦正在連接的連接 port？
(A) NETSTAT (B) NBTSTAT
(C) NSLOOKUP (D) PING

( ) 10. 你正在學生交誼廳中準備期末考，當你的膝上型電腦連線至無線網路時，網際網路的存取速度很慢，當你將膝上型電腦連接上牆上的插孔時，卻再也無法存取網際網路，你執行了 ipconfig/all 命令結果如下圖所示，請評估本圖，然後決定以太網路卡的 IP 位址設定方式？
(A) 透過 DHCP (B) 手動 (C) 透過 APIPA

```
C:\>ipconfig /all

Windows IP 設定

    主機名稱 . . . . . . . . . . . . . . . . . : Win7Pro
    主要 DNS 尾碼 . . . . . . . . . . . . . . . :
    節點類型 . . . . . . . . . . . . . . . . . : 混合式
    IP 路由啟用 . . . . . . . . . . . . . . . . : 否
    WINS Proxy 啟用 . . . . . . . . . . . . . . : 否
    DNS 尾碼搜尋清單 . . . . . . . . . . . . . . : domain.local

無線 LAN 介面卡 無線網路連線:

    連線特定 DNS 尾碼 . . . . . . . . . . . . . :
    描述 . . . . . . . . . . . . . . . . . . . : Intel(R) WiFi Link 5300 AGN
    實體位址 . . . . . . . . . . . . . . . . . : 00-21-6A-1F-AA-DA
    DHCP 已啟用 . . . . . . . . . . . . . . . . : 是
    自動設定啟用 . . . . . . . . . . . . . . . : 是
    IPv4 位址 . . . . . . . . . . . . . . . . . : 192.168.11.48(偏好選項)
    子網路遮罩 . . . . . . . . . . . . . . . . : 255.255.255.0
    租用取得 . . . . . . . . . . . . . . . . . : 2013 年 5 月 17 日星期五 下午 09:31:02
    租用到期 . . . . . . . . . . . . . . . . . : 2013 年 5 月 18 日星期六 下午 09:31:01
    預設閘道 . . . . . . . . . . . . . . . . . : 192.168.11.1
    DHCP 伺服器 . . . . . . . . . . . . . . . . : 192.168.11.1
    DNS 伺服器 . . . . . . . . . . . . . . . . : 192.168.11.1
    NetBIOS over Tcpip . . . . . . . . . . . . : 啟用

乙太網路卡 區域連線:

    連線特定 DNS 尾碼 . . . . . . . . . . . . . : domain.local
    描述 . . . . . . . . . . . . . . . . . . . : Intel(R) 82567LM Gigabit Network Connection
    實體位址 . . . . . . . . . . . . . . . . . : 00-24-81-B3-D4-64
    DHCP 已啟用 . . . . . . . . . . . . . . . . : 是
    自動設定啟用 . . . . . . . . . . . . . . . : 是
    自動設定 IPv4 位址 . . . . . . . . . . . . : 169.254.143.166(偏好選項)
    子網路遮罩 . . . . . . . . . . . . . . . . : 255.255.0.0
    預設閘道 . . . . . . . . . . . . . . . . . :
    NetBIOS over Tcpip . . . . . . . . . . . . : 啟用

通道介面卡 isatap.domain.local:

    媒體狀態 . . . . . . . . . . . . . . . . . : 媒體已中斷連線
    連線特定 DNS 尾碼 . . . . . . . . . . . . . : domain.local
    描述 . . . . . . . . . . . . . . . . . . . : Microsoft ISATAP Adapter
    實體位址 . . . . . . . . . . . . . . . . . : 00-00-00-00-00-00-00-E0
    DHCP 已啟用 . . . . . . . . . . . . . . . . : 否
    自動設定啟用 . . . . . . . . . . . . . . . : 是
```

( ) 11. 你使用完整網域名稱來 ping 伺服器，但沒有收到回應，你使用其 IP 位址來 ping 相同的伺服器並收到回應，為什麼第二次嘗試收到回應，第一次沒有？

(A) NSLOOKUP 已停止　　(B) DNS 沒辦法解析

(C) DHCP 已離線　　　　(D) PING 設定不正確

( ) 12. LINUX 用來列出主機使用中連入連線的命令工具是？

(A) ip addr　(B) host　(C) netstat　(D) dig

( ) 13. 你正在嘗試存取網際網路上的音樂分享服務，位於 IP 位址 173.194.75.105 你正在連線時發生錯誤，你對伺服器執行追蹤路由，收到下圖所示的輸出，評估本圖後，追蹤路由中的每個躍點都是

(A) 防火牆　(B) 路由器　(C) 交換器

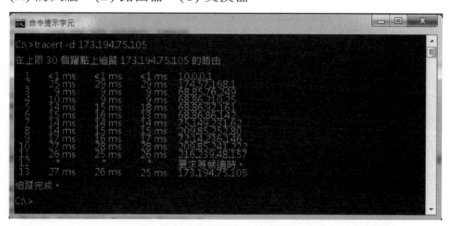

( ) 14. ping 公用程式，使用何種通訊協定，來測試與遠端主機的通訊？

(A) BOOTP　(B) HTTP　(C) ICMP　(D) SNMP

15. 下列敘述正確選"是"，錯誤選"否"。

(是 / 否)　(A) Tracert 命令會顯示在來源與目的地之間周遊的路由器位址

(是 / 否)　(B) Tracert 命令會判斷來源與目的地之間的封包遺失率

(是 / 否)　(C) Tracert 命令可以顯是用於所有作用中連線的路由器清單

8

網路的安全與管理

學習重點

- 8-1 網路的安全問題
- 8-2 網路的安全措施與管理
- 8-3 惡意軟體
- 8-4 補充

8-1 網路的安全問題

網路的安全問題可分為兩大類：

1. 網路安全

2. 資訊安全

8-1-1 網路安全

網路安全的威脅，大致可分為以下幾種：

1. **安全威脅**

   - 竊聽：密碼被竊取或傳送文件遭攔截。
   - 偽裝：偽裝成某人，交易、溝通、獲取資料。
   - 篡改：竄改資料，致獲得資料不正確。
   - 滲透：入侵者侵入主機，破壞主機。
   - 病毒：中毒使資料遺失或不正確。
   - 否認：網路交易完成，卻否認。
   - 癱瘓：傳送或複製檔案，造成網路癱瘓或當機。

2. **系統漏洞**

   - 網路漏洞：開發瀏覽器或是設計系統程式時安全性的漏洞。
   - 設定漏洞：權限設定被忽略，造成連線漏洞。
   - 標準漏洞：各家廠商不同標準，造成技術上的漏洞。
   - 政策漏洞：安全防護措施不足所造成的安全性漏洞。

3. **入侵**

   - 網路探查：利用偵測程式偵測在進行入侵或攻擊。
   - 密碼入侵：利用密碼偵測程式竊取使用者密碼。
   - 癱瘓服務：傳送大量郵件或複製大量檔案而造成網路塞車或當機。
   - 網路竊取：藉由封包解析程式解析傳送的資料訊息。
   - 身份偽裝：假借封包來源欺騙主機系統入侵主機。

4. **犯罪**

   - 詐騙：網路購買燒錄機變烏龍茶。

   - 觸法：醫療用品 (耳溫槍) 不可於網路上販賣。

   - 教唆：教人製作炸彈。

   - 販毒：買賣各項毒品。

   - 恐嚇：寄信件恐嚇個人或公司行號。

   - 毀謗：散播不實言論攻訐他人。

8-1-2 資訊安全

資訊安全的種類有：

1. 實體安全：門禁、網路線、硬體設備、消防設備等。

2. 資料安全：資料備份、資料加密、權限分級、密碼設定、人員記錄等。

3. 程式安全：限制非法軟體使用。

4. 系統安全：使用者資訊安全教育訓練及定期檢查管理。

資訊安全的防範有：

1. **偶發事件防範**

   - 定期或不定期。

   - 備份資料不可放置同一個地點。

   - 人員門禁管制及管制使用。

   - 定期維護硬體減少硬體故障。

2. **蓄意破壞防範**

   - 設定使用者權限及密碼以限制未授權使用者。

   - 使用加密及解密技術。

   - 安裝防毒軟體。

   - 設置防火牆。

   - 使用光纖網路連接。

3. **資料備份原則**

- 完整及正確備份資料。

- 資料備份維持三代以上。

- 備份資料注意實體安全。

- 定期測試備份資料以維持可用性。

4. **密碼使用原則**

- 密碼設定不要少於六個字元，且數字文字交叉使用。

- 不同系統或機器使用不同密碼。

- 不可使用單字、縮寫字等。

- 不可使用家人、自己的生日、電話或身分證號。

- 不可紀錄於紙張或檔案中。

- 不定期變更密碼。

5. **架設防火牆**

防火牆為硬體設備或軟體程式，做為內部網路與外部網路隔離的一個安全機制。

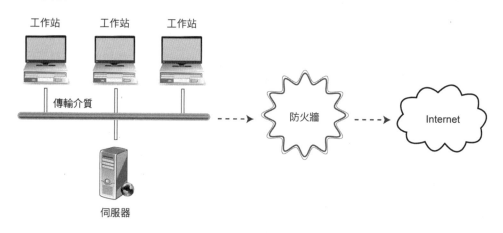

⬆ 加入防火牆的連線架構

- 用來加強網路之間存取的硬體或軟體的安全機制。

- 資料傳遞經過防火牆確定資料可更加安全。

- 具有雙向的安全管理機制。

- 可加強內部網路安全。

- 避免外界入侵。

6. 資料加密解密

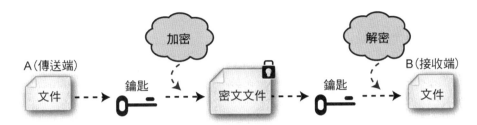

⬆ 資料加密與解密流程

- 秘密鑰匙：屬於對稱密碼術，傳送及接收端都採用相同的秘密鑰匙 (Secret Key) 加密及解密。

- 公開鑰匙：屬於非對稱密碼術，有一公開鑰匙 (Public Key) 和私人鑰匙 (Private Key)，公開鑰匙每一個使用者都知道，私人鑰匙則只有使用者知道。

- 數位簽章：傳送端以私人鑰匙加密，接收方使用傳送端公開鑰匙才可解密，這種傳送方式是確定資料由傳送端傳送，好像在文件上蓋章一樣。

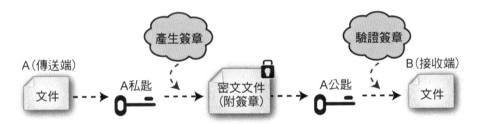

⬆ 數位簽章流程

- 秘密通訊：傳送端以接收端公開鑰匙加密，接收端以私人鑰匙解密，這種資料傳送方式確保收件者才能解密。

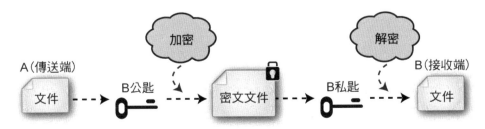

⬆ 秘密通訊流程

7. **憑證管理**

- 憑證管理中心 (CA) 為一個具公信力的第三者，對個人、機關提供認證及發證。

- 網路憑證個人或團體申請，可做為網路身份識別。

- 網路憑證可做為個人或團體的公開鑰匙。

🎯 防火牆

1. 防火牆會阻擋特定連接埠的通訊。不會影響您存取他人電腦上的服務，只是不讓外人進入您的電腦。

2. 有的防火牆會檢查傳入甚至傳出網路的封包，以確保封包來源正常，也可以篩選可疑的封包。防火牆能夠在網路中隱藏電腦身份，讓非法駭客難以針對個別電腦進行攻擊。

3. 防火牆軟體程式或硬體，可協助阻擋試圖透過網際網路進入您電腦的駭客、病毒和蠕蟲。

4. 防火牆可透過網路外部 Proxy 伺服器的路由通訊，以防止網路與外部電腦之間的直接通訊。Proxy 伺服器可判定透過網路發送檔案是否安全。防火牆也稱為安全邊緣閘道。

5. Windows 內建防火牆，並預設為開啟。

6. 若您是在家使用電腦，則保護電腦最有效且最重要的第一步就是開啟防火牆。

7. 若家中有一台以上的連線電腦，或有小型辦公室網路，請務必保護每一台電腦。應安裝硬體防火牆 (例如路由器) 以保護網路。但也應該在每台電腦上安裝軟體防火牆，以避免當網路中的某台電腦受到感染時，病毒在網路中散佈。

8. 軟體防火牆可篩選程式與網際網路之間的通訊。

注意

1. 防火牆為必要措施，但也需要防毒軟體和反間諜軟體。

2. 若確認用戶端和伺服器均有網路連線能力，但伺服器沒有回應。則應檢查防火牆設定有無問題。

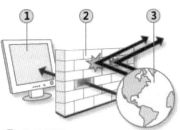

① 您的電腦

② 您的防火牆

③ 網際網路

資料來源：http://www.microsoft.com/taiwan

防火牆如何運作

1. Windows 防火牆可監視已啟用防火牆之連線中的所有網路流量。防火牆會追蹤所有源自您電腦的通訊，防止來路不明的流量進入您的電腦。

2. 必要時，防火牆會動態開啟連接埠，讓電腦接收您特別要求的流量，例如您已點選位址的網頁等。

3. 如果您沒有要求傳入流量，Windows 防火牆會在其到達您電腦前加以封鎖。針對特殊用途，例如：網路連線、代管線上遊戲或主控自己的網頁伺服器等用途，您可以選擇要保持開啟的連接埠。 這麼做可允許他人和您的電腦建立連線，但同時也會降低安全性。

 註解

「連接埠」是一個網路詞彙，意指某個類型的網路流量進入您電腦的點。 您所開啟的實際連接埠取決於所要傳送和接收的流量類型。

防火牆無法防止

1. 電子郵件病毒

防火牆無法判斷電子郵件訊息的內容，因此無法保護您免於這些類型病毒的危害。 在開啟電子郵件訊息之前，您應該使用防毒程式先掃描和刪除可疑的附件。

2. 網路釣魚詐騙

網路釣魚是一種用來誘騙電腦使用者透露個人資訊或財務資訊 (如銀行帳戶密碼) 的技巧。線上網路釣魚詐騙郵件通常是由很像來自可信賴來源的電子郵件開始，而實際上其會引導收件者向詐騙網站提供資訊。

內建防火牆仍應開 Windows 防火牆

路由器型防火牆只提供防護來自網際網路上電腦的危害，而不防護來自家用網路上電腦的危害。

電腦上同時執行多個防火牆程式可能會引發衝突。除了路由器型防火牆外，最好只使用一個防火牆程式。

 補充

SSL

Secure Sockets Layer (SSL) 安全通訊端層，開放標準，目的是建立安全的通訊管道，以防止重要資訊 (如信用卡號碼) 遭到攔截。它主要是為了在全球資訊網獲得安全的電子金融交易，但在設計上亦可運用在其他網際網路服務上。

一般而言，在具有 SSL 加密機制的網址都是以 https:// 為開頭，而 s 就代表該網站具有 SSL 加密機制，同時您會發現在右下方的狀態列上，會出現一個上鎖的圖示 (Icon)，如小鎖圖案為鎖上，即表示 SSL 保密機制已啟動，當您在填寫個人資料前，應先查看該網頁是否已啟動 SSL 保密機制。

8-2 網路的安全措施與管理

影響網路安全的幾個因素：

	技術層面	社會層面 (使用者)
無心之過	軟體設計不良、當機、病毒	忘記密碼、人為疏忽
惡意為之	密碼破解、病毒、木馬	駭客、職員故意破壞

8-2-1 系統管理者安全措施

系統管理者需有下列之規範：

1. 系統管理者應由主管人謹慎評估後，交付可以信賴之人。

2. 需負責網路安全規範之訂定，執行網路管理之設定與操作，確保資料安全。

3. 負責規劃使用者帳號及製發帳號，提供授權之使用者使用。

4. 開放業務有關人員可遠端登錄內部系統服務，且嚴格身分辨識。

5. 保留所有人員登入登出紀錄，且只能由系統之終端機登入系統。

6. 未經使用者同意，不得新增、刪除、修改他人資料、亦不得變更稽核資料檔案。

8-2-2 使用者安全措施

使用者需有下列之規範：

◆ 只能在授權的範圍存取資料。

◆ 應遵守網路安全規定，了解權利及義務以及相關法規。

◆ 不可將帳號及密碼交付他人使用。

◆ 禁止任何方式竊取他人之帳號及密碼。

◆ 禁止使用任何工具或軟體竊聽網路通訊。

◆ 禁止使用未經授權的檔案或程式。

◆ 不得於網路散播色情文字、圖片、影音檔案。

◆ 禁止發送垃圾郵件。

◆ 禁止偽造他人身份發送檔案或文件。

◆ 不得蓄意干擾或妨礙網路系統，造成系統癱瘓。

◆ 應確實遵守網路連線作業程序及網路安全之規定。

個人的安全防護如下：

◆ 使用密碼管理電腦使用者，並且密碼避免過於簡單或容易猜測。

◆ 不要隨便安裝或執行來路不明的程式 (如附加程式)。

◆ 過濾有害郵件，對於不明來源的郵件先加以過濾。

◆ 關閉瀏覽器的任意開啟視窗程式，避免受到不良網站的惡意程式攻擊。

◆ 訂定嚴謹的存取規定，如使用者憑證。

8-2-3 環境安全措施

自我保護的第一步，可以透過以下方式著手：

◆ 信賴較知名網站做連結。

◆ 登錄身分時先查證網站。

◆ 透過大眾媒介報導追蹤。

◆ 網路討論區公告及自律。

◆ 垃圾郵件的過濾。

◆ 修補系統與軟體的漏洞，減少駭客或病毒的入侵。

◆ 定期更新系統，使系統軟體處在最佳狀態。

◆ 掃毒軟體的自動偵測。

◆ 定期更新防毒軟體的病毒碼。

◆ 加裝個人防火牆，保護電腦降低被攻擊或植入程式的機會。

8-2-4 網路安全管理

在網路安全上，最終要的因素還是在於人的問題，硬體是死的設備，有了網路作業系統及防火牆後，最難管理規範的還是使用者 ——「人」。

網路安全管理的方法，有下列幾種：

◆ **防火牆隔離架設**

防火牆的功能就像軍隊中的大門一樣，進出大門都需檢查，以確保營區安全。

◆ **不斷電系統維護**

電腦運作時，最怕的是突然斷電，在不正常關機的情況下，容易造成硬體或程式的毀損，不斷電系統 (UPS) 要時時注意系統正常。

◆ **備份系統的檢查**

有規模的公司，一般都會於下班時間在進行自動備份，所以管理者需要確認被份系統是否正常運作，備份資料是否正確。

◆ **檔案傳輸加解密**

讓資訊傳送到接收端之前，無法讓有意或無意者取得資訊，得知文件內容。

◆ **系統管理者責任**

一般來說，沒有無法防衛的系統，系統管理者對網路資訊安全要負全部責任，如果系統管理者對網路安全不積極、偷懶，那麼入侵者就很容易入侵系統。

◆ **遠端連線的控管**

指定遠端可登錄之 IP，將可減少有心人士非法取得帳號密碼進入系統。

◆ **病毒碼更新維護**

病毒的產生非常快速，在短暫時間就可以產生新的病毒，更新病毒碼是最快且有效的防護。

◆ **人員認知與訓練**

系統安全是全體使用者的責任，人的問題永遠是電腦網路安全最會出狀況的一環，許多網路資訊安全都是由管理者或使用者不小心而產生系統的漏洞，甚至直接造成破壞。

◆ **網路位址的偽裝**

利用區域網路保留的 IP 當作內部網路的 IP 位址,利用這些偽裝 IP 設定,來完成防火牆的基本功能。

◆ **電腦的門禁管制**

電腦主機以及置放重要資料的電腦在門禁上必須加以管制。

網路安全需求決定於網路安全技術,不論是哪一種網路安全技術如何去發展,都必須靠人才能得到最佳的防護效果。

補充

周邊網路 (DMZ、非軍事區和遮蔽式子網路)

1. 將伺服器放置在兩個分隔的防火牆之間,第一個防火牆隔開伺服器與網際網路,並只允許傳送至該伺服器的要求,第二個防火牆隔開伺服器與內部網路。

2. 可以提供更高的安全性,如果伺服器被入侵,在入侵者與內部網路間仍有一層屏障。

虛擬私人網路 (Virtual Private Network,VPN)

1. 常用於大型企業或團體與團體間的私人網路通訊方法。虛擬私人網路,透過公用的網路架構 (例如:網際網路) 來傳送內部的重要訊息。

2. 利用加密的通道協定 (Tunneling Protocol) 達到保密、傳送端認證等資訊安全效果。

3. 可以在不安全的網路 (例如:網際網路) 來傳送可靠、安全的資訊。

4. 加密訊息與否是可以控制的。沒有加密的虛擬私人網路訊息依然有被竊取的危險。

虛擬區域網路 (Virtual Local Area Network,VLAN)

1. 建構於區域網路交換技術 (LAN Switch) 的網路管理的技術。

2. 網管人員可以藉此透過控制交換機有效分派出入區域網的封包到正確的出入埠,達到對不同實體區域網中的裝置進行邏輯分群 (Grouping) 管理。

3. 降低區域網內大量資料流通時,因無用封包過多導致擁塞的問題。

4. 提昇區域網的資訊安全保障。

8-3 惡意軟體

🎯 惡意軟體

惡意軟體是一種惡意程式碼類別，包括病毒、病蟲及特洛伊木馬程式。破壞性惡意軟體會利用熱門的通訊工具進行散佈，包括透過電子郵件與即時通訊傳送病蟲、從網站丟下特洛伊木馬程式，以及從點對點連線下載遭病毒感染的檔案。惡意軟體也會嘗試刺探利用系統上存在的漏洞，進而無聲無息且輕鬆地入侵系統。

🎯 電腦病毒

- ◆ 電腦病毒是故意設計來在電腦之間散佈，並干擾電腦作業的小型軟體程式。

- ◆ 病毒可能會毀壞或刪除電腦上的資料，利用您的電子郵件程式自行散佈到其他電腦，或者甚至會刪除您硬碟上的所有資料。

- ◆ 病毒可以很容易地透過電子郵件或立即訊息中的附件散佈。這就是為什麼除非您認識寄件者，並且是您預期收到的附件，否則請勿開啟電子郵件附件。

- ◆ 病毒可能會偽裝成有趣的圖片、賀卡或音訊與視訊檔案等附件形式。

🎯 防範電腦病毒

- ◆ 沒有人能保證您的電腦百分之百安全。

- ◆ 您可以使用防火牆、讓系統保持在最新狀態、持續訂閱最新的防毒軟體，並遵循最佳作法，即可持續提升電腦的安全性，並降低感染病毒的機會。

- ◆ 秘訣：因為沒有任何安全措施可以保證絕對安全，所以在您遇到病毒或其他問題之前，務必定期備份重要檔案。

防範病毒的步驟

1. 使用網際網路防火牆。

2. 造訪 Microsoft Update 並開啟自動更新。

3. 訂閱產業標準級防毒軟體，例如 Windows Live OneCare，並隨時將其保持在最新狀態。

4. 絕不開啟陌生人寄來的電子郵件附件。

5. 除非您確切瞭解附件內容，否則應避免開啟認識的人寄來的電子郵件附件。寄件者可能不知道附件夾帶病毒。

移除病毒、垃圾軟體

1. 請造訪 Microsoft Update，並安裝最新的更新。

2. 如果您目前正使用防毒軟體，請造訪防毒軟體製造商的網站，進行更新，並將電腦徹底掃描一遍。

3. 下載、安裝並執行惡意軟體移除工具。工具無法防止病毒感染您的系統，只能移除現有的病毒。

防範 IM 病毒

小心 IM 中的連結和檔案	絕對不要按下陌生人用 IM 傳來的連結，也不要開啟、接受或下載陌生人用 IM 傳送來的檔案。
更新您的 Windows 軟體	請造訪 Microsoft Update 以掃描您的電腦，並安裝所有提供給您的高優先順序更新。
確定您使用的是最新版的 IM 軟體	使用最新版本的 IM 軟體，更能夠保護電腦不受病毒與間諜軟體的危害。
使用防毒軟體，並保持更新	防毒軟體能偵測和移除電腦上的 IM 病毒，但防毒軟體一定要保持在最新狀態才行。
使用反間諜功能軟體，並保持更新	反間諜功能軟體能保護電腦不受間諜軟體的危害，且能移除可能已經存在的間諜軟體。 還沒有反間諜功能軟體，可以下載 Windows Defender。

🎯 防範病毒及間諜軟體

自動更新 Windows	「自動更新」會自動將更新程式傳送到您的電腦，這是讓您在最新安全性和其他高優先順序的更新發行之後，盡快取得該更新程式最簡單且最可靠的方法。
下載最新的反間諜軟體以及防毒更新程式，然後立刻掃描您的電腦。	這類程式多半能夠設定成積極 (甚至是自動) 監視並協助防堵間諜軟體及病毒入侵。
使用防火牆	利用最新的安全性更新隨時更新作業系統，並且採用防毒和反間諜軟體程式。
開啟收到的檔案及電子郵件附件之前，先掃描	將防毒軟體設定為在開啟所有收到的檔案及電子郵件附件之前，先掃描一遍。
使用垃圾郵件篩選功能	許多電子郵件程式均提供篩選功能，有助於封鎖有害的訊息。Microsoft Outlook 本身具有強大的防禦措施，可對抗垃圾電子郵件，不過您還是可以增強您的防禦措施。
安裝並執行程式，有助於偵測與移除間諜軟體。	如果您的 ISP 沒有提供，請考慮使用 Windows Defender。

🎯 Worms

1. Worms 蠕蟲，是一種精心設計的軟體程式，無需與使用者互動，即可從一台電腦複製到另一台。跟電腦病毒不同的是，蠕蟲可自動複製。

2. 舉例來說，蠕蟲可自我複製，並將複製出來的蠕蟲寄給您電子郵件通訊錄中的每一個連絡人，接著再陸續寄給這些連絡人電子郵件通訊錄中所有的連絡人。

3. 防止感染蠕蟲的方法，就是開啟電子郵件時要謹慎小心。朋友寄來的電子郵件有附件，最安全的方法就是連絡朋友，詢問他們是否傳送了該附件。收到不認識的人的郵件，最安全的方法是將其刪除。

4. 常見電腦蠕蟲，包括 Sasser 蠕蟲、Blaster 和 Conficker 蠕蟲。

🎯 Trojans

1. 特洛伊木馬程式就像神話中所述的一樣，看起來像是一件禮物，但結果卻是一些突擊特洛伊城的希臘士兵，今日的特洛伊木馬程式看起來像是有用軟體的電腦程式，但它們卻會危害您的安全性並造成許多損害。

最近的特洛伊木馬程式的形式為一封電子郵件，其包含宣稱為 Microsoft 安全性更新的附件檔，之後即化身為病毒並嘗試停用防毒軟體和防火牆軟體。

2. 當人們被引誘開啟程式 (因為他們認為該程式來自合法來源) 時，特洛伊木馬程式即會散佈開來。為了更完善地保護使用者，Microsoft 通常是透過電子郵件寄出安全性公告，但絕不會包含附件檔。

🎯 流氓軟體

流氓軟體是一種介於正常軟體與惡意程式/病毒中間的程式，近期大量流行於網路上的流氓軟體外觀上大多偽裝成防毒、反間諜軟體，誘騙使用者信賴安裝，甚至進一步透過其介面進行線上採購。

實際上往往內含相當多的惡意行為，輕則持續性彈出廣告視窗，到嚴重如側錄鍵盤敲擊，遠端惡意程序下載、開啟後門允許駭客從遠端入侵，綁架瀏覽器存取固定頁面等實質危害。

🎯 Active Attacks

主動式攻擊 (Active Attacks) 可以分成四類：偽裝、修改訊息內容、重送和阻絕服務。

偽裝 (Masquerade)	基本的主動式攻擊類型，通常不會單獨使用，而會包含其他類型的主動式攻擊。
修改訊息內容 (Modification of Message Content)	更改訊息的某一部份，或者延遲訊息送出的時間。
重送 (Replay)	需要以上兩種攻擊來配合，先偽裝成另一個使用者的身份，然後竊取並修改資訊內容，再重送給第三位使用者。
阻絕服務 (Denial of Service，DoS)	以阻止通信設備正常使用為目的的攻擊方式，這種攻擊方式大多有特定的目標，例如阻斷所有指向特定終點的訊息。另一種阻絕服務是讓網路無法正常運作為目的。

面對主動式攻擊，我們應該採取偵測的方式，並且要能夠復原主動式攻擊之後所造成的任何破壞。

🎯 Backdoor

後門程式通常係指「不明的遠端人士未經系統管理員之允許,且利用不正當的手法」進入電腦系統中,並且可能偷走個人資料、機密資訊等,甚至可以隨心所欲地操控您的電腦,通常不明的遠端人士會透過電子郵件、IRC 或其他方式將後門程式植入使用者電腦中。(資料來源:國家資通安全會報技術服務中心)

8-4 補充

8-4-1 Hypervisor 型態

型態	說明
Type 1 (Bare-Metal hypervisor)	中文譯為裸機,直接裝於空機上,掌控硬體資源,硬碟無須 OS。
Type 2 hypervisor	需先有 Windows 或 Linux 才能安裝。

8-4-2 SSL VPN 服務

SSL (Secure Socket Layer) 加密安全協定,在 Internet 上在使用者與 VPN Gateway 間建立一個安全加密連線通道,確保資料傳輸的保密性、認證性與完整性。

8-4-3 RAS 閘道功能

RAS 閘道型態	說明
站對站 VPN	此 RAS 閘道功能可讓您使用站對站 VPN 連線,將兩個網路連線到網際網路上的不同實體位置。
點對站 VPN	此 RAS 閘道功能可讓組織員工或系統管理員從遠端位置連線到您組織的網路。
具有邊界閘道協定 (BGP) 的動態路由	BGP 可讓路由器在發生網路中斷或失敗時,自動計算和使用有效的路由
(NAT) 的網路位址轉譯	私人網路上的電腦會使用私人、無法路由傳送的位址。NAT 會將私人位址對應到公用位址。

( )　01. 下列有關電腦病毒的敘述何者不正確？
　　　　(A) 預防電腦病毒可以使用防毒軟體
　　　　(B) 電腦病毒可以利用關閉電源來解毒
　　　　(C) 電腦病毒具有傳染的特性
　　　　(D) 檔案型電腦病毒主要寄生在可執行檔中　　　　　　　[90 統測]

( )　02. 下列敘述何者是錯誤的？
　　　　(A) 電腦病毒可能經由網路或磁碟片感染，但不可能經由任何光碟片感染
　　　　(B) 惡意製作並散播電腦病毒是一種違法的行為
　　　　(C) 使用並定期更新防毒軟體可以降低被電腦病毒感染的機會
　　　　(D) 販賣盜版軟體是一種違法的行為　　　　　　　　　　[90 統測]

( )　03. 下列何種情形最可能讓老張的電腦發生問題？
　　　　(A) 電腦被操過熱，使得 CPU 過載短路
　　　　(B) 遊戲程式太大，佔用太多的硬碟空間
　　　　(C) CD-R 可能帶有惡意病毒，使得電腦毒發陣亡
　　　　(D) 遊戲程式因為連線上網未正常斷線　　　　　　　　　[91 統測]

( )　04. 在維護電腦資料的觀念上，何者是老張所犯的錯誤？
　　　　(A) 資料沒有定期更新　　　　(B) 資料沒有安全備份
　　　　(C) 資料沒有適度保密　　　　(D) 資料沒有立即儲存　　[91 統測]

( )　05. 某天就讀小學的兒子正在老張的辦公室使用電腦玩網路對戰遊戲，辦公室裡冷氣冷得讓人發抖，兒子卻玩的滿頭大汗，正高興時老張要求兒子讓位，準備印出各種業務資料。卻發現電腦變得不穩定，業務程式沒辦法正常執行，老張只好關閉電腦準備重新開機，哪知道無法如常開機。老張急得都快抓狂，有客戶資料及新訂單資料，因為業務保密關係，都沒有準備其他可以參考的備份。眼看著交貨日期節節逼近，如果沒有該部電腦的協助，根本無法正確裝載貨品。老張發現兒子手上拿著一張金色的 CD-R，還沾沾自喜的說同學免費拷貝給他的禮物，而且已經裝在老張的電腦上
　　　　(A) 鼓勵兒子購買較佳品質的 CD-R，以便長期保存資料
　　　　(B) 要求兒子趕快備份，以免光碟損壞
　　　　(C) 提醒兒子注意是否不當取用，以免吃上侵權官司
　　　　(D) 告誡兒子避免遊戲過久，以免電腦過熱　　　　　　　[91 統測]

( ) 06. 下面檔案類型中，何者最容易攜帶 Taiwan No. 1 巨集型病毒？
(A) TXT　(B) BMP　(C) DOC　(D) EXE 　　　　　[91 統測]

( ) 07. 為了保護資訊系統避免各種危害，下列何者不是正確的措施？
(A) 加密重要資料
(B) 壓縮重要資料
(C) 禁止不相干的人進入電腦主機房
(D) 輸入帳號與密碼才可使用系統 　　　　　[91 統測]

( ) 08. 下列何者是保護通訊資料安全較有效的方法？
(A) 資料加密　　　　　　　　(B) 資料壓縮
(C) 資料備份　　　　　　　　(D) 資料傳真 　　　　　[91 統測]

( ) 09. 老李每天一到公司，進辦公室後立即啟動電腦，螢幕上慢慢出現
Windows 作業系統的開機畫面：接著電腦要求老李輸入使用者帳號及
密碼，老李隨意敲下了鍵盤的 Enter 鍵之後，立即進入 Windows 的桌
面。老李接著點選「郵件」圖示，在進入「郵件」視窗之後，點選其
中的「傳送 / 接收」動作，很快的郵件清單一一呈現在老李的眼前。
上述老李使用電腦收信的習慣，可能會引發下列何種安全的問題？
(A) 電腦使用者不明，無法閱讀清單中的郵件
(B) 郵件程式不明，無法閱讀清單中的郵件
(C) 任何人均可不經老李同意，開機讀取老李的郵件
(D) 電腦使用者不明，無法正確下載郵件 　　　　　[91 統測]

( ) 10. 老李每天一到公司，進辦公室後立即啟動電腦，螢幕上慢慢出現
Windows 作業系統的開機畫面：接著電腦要求老李輸入使用者帳號及
密碼，老李隨意敲下了鍵盤的 Enter 鍵之後，立即進入 Windows 的桌
面。老李接著點選「郵件」圖示，在進入「郵件」視窗之後，點選其
中的「傳送 / 接收」動作，很快的郵件清單一一呈現在老李的眼前。
為了避免任何人均可不經老李同意，開機讀取老李的郵件的安全問
題，最經濟的改善方法為何？
(A) 加裝遠端遙控軟體，隨時監控辦公室
(B) 設定個人使用帳號及密碼
(C) 購買不斷電電源供應器，以免停電發生資料損失
(D) 裝設自行管理的郵件伺服器 　　　　　[91 統測]

( ) 11. 為防止駭客入侵企業內部網路竊取資料，下列何項是常用的預防措施？
(A) 每日將資料進行備份並儲存於可抽取式硬碟中
(B) 在每部個人電腦加裝合法的掃毒軟體並定期更新版本
(C) 禁止員工上網並定期更換使用者密碼
(D) 在企業內部網路與外部網路間建構防火牆　　　　　　[92 統測]

( ) 12. 電腦系統遭受「駭客入侵」是屬於下列哪一種影響資訊安全的因素：
(A) 人為操作疏失
(B) 天然意外災害
(C) 環境因素導致電腦發生故障
(D) 人為蓄意破壞　　　　　　　　　　　　　　　　　[93 統測]

( ) 13. 下列何種措施與電腦病毒防治比較沒有關係？
(A) 管制人員進出　　　　　　(B) 定期備份資料
(C) 使用合法軟體　　　　　　(D) 安裝防毒軟體　　　　[93 統測]

( ) 14. 有關電腦病毒及資訊安全防護的敘述，下列何者正確？
(A) 重要的電腦資料，應該至少備份兩份，並集中控管以防遺失
(B) 電腦病毒發作後，必須馬上進行電腦硬體維修
(C) 在電腦中裝置最新的防毒軟體，就不必再擔心電腦病毒
(D) 使用磁碟片前最好先進行掃毒　　　　　　　　　　　[93 統測]

( ) 15. 下列哪一種電腦病毒會破壞硬碟的檔案分割表 (partition table)？
(A) 檔案型病毒　　　　　　　(B) 開機型病毒
(C) 巨集型病毒　　　　　　　(D) 木馬程式　　　　　　[93 統測]

( ) 16. 下列何者是預防電腦犯罪急需應做的事項？
(A) 資料備份　　　　　　　　(B) 與警局保持連線
(C) 禁止電腦上網　　　　　　(D) 建立資訊安全管制系統　[94 統測]

( ) 17. 下列何者不是資訊安全包含的領域？
(A) 電腦病毒的認識　　　　　(B) 資訊智慧財產權的保護
(C) 電腦犯罪的防範　　　　　(D) 資料的備份　　　　　[94 統測]

( ) 18. 下列何者不是預防電腦病毒的基本做法？
(A) 登入系統之密碼應不定期更換
(B) 不開啟任何來路不明的電子郵件
(C) 使用具有合法版權之軟體
(D) 將重要的資料隨時備份　　　　　　　　　　　　　[94 統測]

( ) 19. 在病毒猖狂的網路世界中，除了不使用來路不明的軟體外，下列何種方法對防止病毒最為有效？
(A) 不用硬碟開機
(B) 不接收垃圾電子郵件
(C) 不上違法網站
(D) 經常更新防毒軟體，啟動防毒軟體掃瞄病毒　　　　　　[94 統測]

( ) 20. 下列哪一種病毒會依附在以應用軟體所製作的文件檔中？
(A) 開機型病毒　　　　　　(B) 巨集病毒
(C) 特洛伊木馬　　　　　　(D) 檔案型病毒　　　　　　[94 統測]

( ) 21. 下列何種措施，對於確保重要通訊資料的安全性最為有效？
(A) 壓縮資料　　　　　　　(B) 備份資料
(C) 整合資料　　　　　　　(D) 加密資料　　　　　　[95 統測]

( ) 22. 下列保護資訊安全的技術，何者主要是將檔案資料做特殊編碼？
(A) 資料加密　　　　　　　(B) 密碼
(C) 防毒軟體　　　　　　　(D) 網路認證　　　　　　[95 統測]

( ) 23. 下列觀念敘述，何者不正確？
(A) 重要資料燒錄於光碟儲存，可避免受病毒感染及破壞
(B) 使用防毒軟體，仍需經常更新病毒碼
(C) 重要資料備份於硬碟不同檔案夾內，可確保資料安全
(D) 不可隨意開啟不明來源電子郵件附加檔案　　　　　　[95 統測]

( ) 24. 下列何者最適合用來防止資料在網路傳輸過程中被竊讀？
(A) 廣告攔截　　　　　　　(B) 加密
(C) 無線網路　　　　　　　(D) 防火牆　　　　　　[96 統測]

( ) 25. 下列有關電腦病毒的敘述及處理，何者正確？
(A) 購買及安裝最新的防毒軟體，即可確保電腦不會中毒
(B) 將電腦電源關閉，即可消滅電腦病毒
(C) 由於 Word 文件不是可執行檔，因此不會感染電腦病毒
(D) 上網瀏覽網頁有可能會感染電腦病毒　　　　　　[96 統測]

( ) 26. 台灣 No.1 是屬於下列何種類型的電腦病毒？
(A) 系統型　　　　　　　　(B) 檔案型
(C) 開機型　　　　　　　　(D) 巨集型　　　　　　[96 統測]

( ) 27. 在公開金鑰密碼系統中，要讓資料在網路上傳送的過程中是以亂碼呈現，其他人員無法竊看到資料內容，而且還要讓傳送者無法否認曾經傳送過此訊息，需要以哪兩個金鑰 同時加密才能達成？
(A) 使用傳送者及接收者的私鑰加密
(B) 使用傳送者及接收者的公鑰加密
(C) 使用接收者的私鑰及傳送者的公鑰加密
(D) 使用接收者的公鑰及傳送者的私鑰加密　　　　　[92二技]

( ) 28. 關於電腦病毒，下列敘述何者錯誤？
(A) 病毒碼可潛伏在開機程式 (boot program) 中
(B) 裝設防毒軟體後，從網路中下載不明軟體，仍有可能感染病毒
(C) 感染病毒後立刻關機 (power off)，即可消除病毒
(D) 電腦病毒不但會感染程式檔，也會感染資料檔　　　[92二技]

( ) 29. 下列有關電腦病毒的敘述，何者正確？
(A) 即使感染病毒的機器仍可能正常地運作
(B) 病毒僅能隱藏於檔案之中
(C) 只要裝設最新的防毒軟體即可避免感染病毒
(D) 執行任一 CD-ROM 上的程式皆不會感染病毒　　　[93二技]

( ) 30. 在公開金鑰加密法中，甲要在傳給乙的資料中建立自己的數位簽章 (digital signature)，其方式為：
(A) 以甲的私鑰加密　　　　(B) 以乙的公鑰加密
(C) 以甲的公鑰加密　　　　(D) 以乙的私鑰加密　　　[93二技]

( ) 31. 為建置各領域之電子認證體系，提供身分認證及交易認證服務，以增進使用者之信心，我國已於民國 91 年開始實施何種資訊法規？
(A) 電子交易法　　　　　　(B) 電子認證法
(C) 電子簽章法　　　　　　(D) 電子密碼法　　　　　[94二技]

( ) 32. 企業常用防火牆來保護內部網路的安全，下列有關防火牆的敘述，何者錯誤？
(A) 防火牆功能可以藉由路由器、主機或伺服器等軟硬體來實現
(B) 能將一些未經允許的封包阻擋於受保護的網路之外
(C) 防火牆無法依據 IP 位址來過濾封包
(D) 防火牆可以依封包的種類來進行過濾　　　　　　[95二技]

( ) 33. 網路電子交易日漸擴大與頻繁，電子商務的安全性更為重要，下列何者是電子商務對於安全交易的要求？
(A) 認證要求 (authentication)
(B) 隨時可推翻交易，保護消費者
(C) 公開交易者真實身份，以昭公信
(D) 交易後，不可要求退貨 [95 二技]

( ) 34. 下列何者為管理個人網路安全之原則？
(A) 用姓名或帳號當作密碼
(B) 用個人的資料當作密碼
(C) 將密碼告訴親朋好友
(D) 密碼中包含字母及非字母字元組合 [95 二技]

( ) 35. 在網路上為避免資料被盜用，下列防範措施何者有效？
(A) 資料備份　　　　　　　(B) 資料加密
(C) 資料壓縮　　　　　　　(D) 資料染毒 [96 二技]

( ) 36. 下列哪一種電腦病毒程式能夠透過偽裝成正常程式，來吸引用戶下載並執行而中毒，以達到遠端遙控該中毒的電腦，進而竊取電腦中的資料？
(A) 巨集型病毒　　　　　　(B) 木馬程式病毒
(C) 開機型病毒　　　　　　(D) 蠕蟲病毒 [95 二技]

( ) 37. 資料安全可概分為下列四類？
(A) 實體安全、系統安全、資料安全、程式安全
(B) 實體安全、系統安全、程式安全、法律安全
(C) 實體安全、系統安全、程式安全、人員安全
(D) 實體安全、系統安全、程式安全、網路安全 [丙檢]

( ) 38. 下列何種密碼設定較安全？
(A) 隨機亂碼　　　　　　　(B) 固定密碼如生日
(C) 英文名字　　　　　　　(D) 初始密碼如 9999 [丙檢]

( ) 39. 下列何種措施，對於資訊系統的安全不利？
(A) 每個使用者的使用權限相同
(B) 定期保存日誌檔
(C) 設置密碼
(D) 資料備份 [丙檢]

( )　40. 下列哪一項無法有效避免電腦災害的資料安全防護？
　　　　(A) 不定期格式化硬碟
　　　　(B) 資料經常備份
　　　　(C) 備份資料存放於不同地點
　　　　(D) 常駐防毒程式　　　　　　　　　　　　　　　　　[丙檢]

( )　41. 有關資料安全的考慮，下列何者不重要？
　　　　(A) 檔案的機密等級分類
　　　　(B) 變更光碟機等級
　　　　(C) 消防設備
　　　　(D) 門禁管制　　　　　　　　　　　　　　　　　　　[丙檢]

( )　42. 有關電腦中心的安全防護措施，下列何者不正確？
　　　　(A) 不同部門的資料應相互交流以便彼此支援合作
　　　　(B) 設置防火設備
　　　　(C) 重要檔案定期備份
　　　　(D) 裝設不斷電系統　　　　　　　　　　　　　　　　[丙檢]

( )　43. 有關電腦病毒的敘述下列何者錯誤？
　　　　(A) 能自我複製　　　　　(B) 能使操作者中毒
　　　　(C) 能使檔案不能執行　　(D) 能破壞硬碟資料　　　　[丙檢]

( )　44. 為避免電腦中資料遺失，下列何種方法最恰當？
　　　　(A) 設定密碼　　　　　　(B) 安裝防毒軟體
　　　　(C) 定期備份　　　　　　(D) 電腦專人操作　　　　　[丙檢]

( )　45. 下列何者是錯誤的系統安全措施？
　　　　(A) 系統操作者統一保管密碼
　　　　(B) 資料加密
　　　　(C) 密碼變更
　　　　(D) 公佈之電子文件設定成唯讀檔　　　　　　　　　　[丙檢]

( )　46. 下列何者對於預防電腦犯罪最有效？
　　　　(A) 建置資訊安全管制系統 (B) 裝設不斷電系統
　　　　(C) 裝設空調系統　　　　(D) 定期保養電腦　　　　　[丙檢]

( )　47. 下列何者對於預防電腦犯罪無效？
　　　　(A) 設定密碼　　　　　　(B) 設定使用權限
　　　　(C) 設置防火牆　　　　　(D) 裝設空調設備　　　　　[丙檢]

( ) 48. 下列對於防範電腦犯罪的措施中，何者不正確？
(A) 資料檔案加密　　　　　(B) 加強門禁管制
(C) 開放資源共享　　　　　(D) 明確劃分使用者權限　　　[丙檢]

( ) 49. 下列何者不屬於電腦病毒的特性？
(A) 可附在正常檔案中　　　(B) 可隱藏一段時間再發作
(C) 電腦關機會會自動消失　(D) 具自我複製的能力　　　[丙檢]

( ) 50. 下列何者可能感染病毒？
(A) 自動啟動電腦電源　　　(B) 自動傳信給他人
(C) 自動啟動印表機電源　　(D) 電源電壓變小　　　　　[丙檢]

( ) 51. 下列何種可能會造成電腦程式執行的速度越來越慢？
(A) 主記憶體容量太大　　　(B) 中央處理器等級太高
(C) 螢幕太小　　　　　　　(D) 感染病毒　　　　　　　[丙檢]

( ) 52. 對於電腦病毒的防治方式，下列何者是錯誤的？
(A) 不使用來路不明之磁片
(B) 用乾淨無毒的開機磁片開機
(C) 電腦上加裝防毒軟體
(D) 只要將被感染之程式刪除就不會再被感染　　　　　[丙檢]

( ) 53. 預防電腦病毒，下列何者有誤？
(A) 可拷貝他人有版權的軟體
(B) 3.5inch 磁片設定在防寫位置
(C) 常用掃毒程式偵測
(D) 不使用來路不明的磁片　　　　　　　　　　　　　[丙檢]

( ) 54. 下列何者是預防病毒感染的最佳選擇？
(A) 使用拷貝軟體　　　　　(B) 使用原版軟體
(C) 使用光碟機開機　　　　(D) 使用軟碟開機　　　　　[丙檢]

( ) 55. 下列何者敘述，對於電腦防毒措施有誤？
(A) 可合法拷貝他人軟體
(B) 系統安裝防毒系統
(C) 不下載來路不明的軟體
(D) 定期更新病毒碼　　　　　　　　　　　　　　　　[丙檢]

( )　56. 下列何者無法辨識病毒感染？
　　　　(A) 電源電壓變小
　　　　(B) 檔案儲存日期改變
　　　　(C) 檔案儲存容量改變
　　　　(D) 螢幕出現亂碼　　　　　　　　　　　　　　　　　　　　[丙檢]

( )　57. 下列何種途徑可能會感染病毒？
　　　　(A) 圖形輸出　　　　　　　　(B) 傳送電子郵件
　　　　(C) 螢幕解析度設定　　　　　(D) 資料列印　　　　　　　[丙檢]

( )　58. 個人電腦如果已經感染病毒時，下列何者較為適宜？
　　　　(A) 更換光碟機　　　　　　　(B) 按 Ctrl-Alt-Del 鍵重新開機
　　　　(C) 更換主記憶體　　　　　　(D) 進行解毒　　　　　　　[丙檢]

( )　59. 病毒入侵電腦後，會隱藏在電腦的下列哪個原件中？
　　　　(A) ROM　(B) PROM　(C) EPROM　(D) RAM　　　　　　[丙檢]

( )　60. 程式若已中毒，則在執行時，病毒會被載入記憶體中發作，稱為何種
　　　　病毒？
　　　　(A) 檔案型病毒　　　　　　　(B) 開機型病毒
　　　　(C) 混合型病毒　　　　　　　(D) 網路型病毒　　　　　　[丙檢]

( )　61. 下列何者不是電腦病毒的特性？
　　　　(A) 具特殊之破壞技術
　　　　(B) 具有自我複製的能力
　　　　(C) 關機再重新開機後會自動消失
　　　　(D) 會常駐在記憶體中　　　　　　　　　　　　　　　　　[乙檢]

( )　62. 在做遠端資料傳輸時，為避免資料被竊取，我們可以採用何種保護措
　　　　施？
　　　　(A) 將資料解壓縮　　　　　　(B) 將資料解密
　　　　(C) 將資料加密　　　　　　　(D) 將資料壓縮　　　　　　[乙檢]

( )　63. 下列有關資訊安全中系統設備備援之描述何者正確？
　　　　(A) 備援需花費更多費用，因此不必考慮備援
　　　　(B) 備援方法必須以 1:1 對應方式才可
　　　　(C) 遠端備援方式由於佔空間且人力支援不易，故不必考慮
　　　　(D) 重要系統設備 (含軟、硬體) 必須有備援措施　　　　　[乙檢]

( ) 64. 有關資訊安全中電子簽名保密技術之描述下列何者正確？
   (A) 電子簽名之技術不需解碼
   (B) 電子簽名乃是採用光筆，滑鼠等工具簽名，以供辨識
   (C) 若以設計問題的方法而論，電子簽名較公開鑰匙密碼法簡便
   (D) 電子簽名乃是利用數字來代替票據必須由人親自簽名的方法
   [乙檢]

( ) 65. 下列有關資訊安全中存取管制 (Access Control) 方法之描述何者正確？
   (A) 系統應該是供網路存取控制碼之設定功能
   (B) 在系統存取時不必考慮安全問題
   (C) 為求系統安全顧慮不可銜接電腦網路
   (D) 為求存取方便不需提供存取控制碼之設定 [乙檢]

( ) 66. 對於電腦及應用系統之備援措施，下列敘述何者正確？
   (A) 重要電子資料必須存放防火櫃並分置不同地點
   (B) 只需做硬體備援即可
   (C) 顧及製作權及版權，為求備援則購置雙套軟體即可
   (D) 只需做軟體備援即可 [乙檢]

( ) 67. 在系統安全防護作業中，下列哪些技術管理規劃較不妥當？
   (A) 採用防毒軟體
   (B) 規定密碼限定為有意義之名詞
   (C) 安排系統管理者接受訓練
   (D) 規劃安全稽核系統 [乙檢]

( ) 68. 關於防火牆之描述，下列敘述何者為誤？
   (A) 防火牆大量運用於區域網路中，無法運用於廣域網路
   (B) 防火牆乃是過濾器 (Filter) 與 Gateway 的集合
   (C) 防火牆可用來將外界無法信賴之網路隔開
   (D) 防火牆用來將可信賴的網路保護在一個區域性管理的安全範圍內
   [乙檢]

( ) 69. 電腦被病毒入侵後，其未達觸發條件前，病毒潛伏在程式內會有部分
   徵兆發生，下列何種狀況最不可能是感染電腦病毒之徵兆？
   (A) 螢幕顯示亂碼 (B) 程式執行速度變慢
   (C) 磁碟片上出現霉菌 (D) 檔案容量變大 [乙檢]

( ) 70. 下列何者是電腦病毒的特性？
(A) 不具自我複製的能力
(B) 沒有特殊之破壞技術
(C) 無法利用關機再重新開機來完全刪除
(D) 會常駐在 ROM 中 [乙檢]

( ) 71. 哪一種情況最有可能是電腦系統遭到電腦病毒的侵害？
(A) 開機後，兩個軟式磁碟機的所在位置對調
(B) 開機時，發生同位元檢查錯誤的現象
(C) 開機後，發生電腦執行速度變慢的現象
(D) 開機時，發生快捷記憶體檢查錯誤 [乙檢]

( ) 72. 所謂「駭客」(Hacker) 是專指？
(A) 販售非法軟體者 (B) 非法侵入電腦系統者
(C) 專門破壞電腦硬體者 (D) 電腦竊賊

( ) 73. 當企業內部網路 (Intranet) 與外界相連時，用來防止駭客入侵的設施為？
(A) 防毒軟體 (B) 網路卡 (C) 瀏覽器 (D) 防火牆

( ) 74. 下列何者不為「資料安全」措施之一？
(A) 系統管理者統一保管使用者密碼
(B) 加密保護機密資料
(C) 使用者不定期更改密碼
(D) 網路公用檔案設定成「唯讀」

( ) 75. 不定期做硬碟中資料的備份工作是為？
(A) 程式安全 (B) 資料安全 (C) 實體安全 (D) 系統安全

( ) 76. 提昇程式寫作的品質且寫作時考慮以後維護工作的執行速率是屬於？
(A) 實體安全 (B) 程式安全 (C) 資料安全 (D) 系統安全

( ) 77. 定期對電腦使用者作教育訓練並宣導安全守則是為？
(A) 資料安全 (B) 程式安全 (C) 實體安全 (D) 系統安全

( ) 78. 將網路線路或電源線路的周邊環境做適當維護管理是？
(A) 實體安全 (B) 系統安全 (C) 程式安全 (D) 資料安全

( ) 79. 網路的憑證管理中心簡稱？
(A) AI (B) NII (C) CAI (D) CA

( ) 80. 使用密碼要注意？
(A) 密碼應愈短才好記
(B) 使用自身相關的資料作密碼，以便幫助記憶
(C) 密碼不要常改，免得失去密碼的機密性
(D) 儘量混合數字和英文大小寫，使其難懂

( ) 81. 下列哪一個形式是數位簽章？
(A) 甲傳給乙資料以甲之私人鑰匙加密
(B) 甲傳給乙資料以甲之公開鑰匙加密
(C) 甲傳給乙資料以乙之公開鑰匙加密
(D) 甲傳給乙資料以乙之私人鑰匙加密

( ) 82. 在公開金匙密碼術中，B 傳資料給 A，且使用 B 之私人鑰加密，則 A 如何解密閱讀？
(A) 用 B 之公開鑰匙 　　(B) 用 A 之私人鑰匙
(C) 用 A 之公開鑰匙 　　(D) 用 B 之私人鑰匙

( ) 83. 資料備份的安全作法為尋找第二個儲存空間，下列何種作法不適宜？
(A) 與專業儲存公司合作
(B) 儲存在同一部電腦的不同硬碟中
(C) 儲存在防火除濕之保險櫃
(D) 存放在另一棟建築物內

( ) 84. 近年來電腦病毒頗為肆虐，它是經由系統啟動或執行程式所感染；通常病毒入侵後，立即隱藏在哪裡？
(A) RAM　 (B) ROM　 (C) EPROM　 (D) PROM

( ) 85. 能附著在 Windows Word 所編輯的檔案上的病毒是為？
(A) 複合型 　　　　　　(B) 開機型
(C) 文件型 　　　　　　(D) 檔案型　　 病毒

( ) 86. 下列何種型態的檔案，最容易感染檔案型病毒？
(A) .ASM　 (B) .TXT　 (C) .EXE　 (D) .DOC

( ) 87. 不停的寄信給某人，使對方的電子信箱塞滿郵件，這種攻擊方式是？
(A) 阻絕服務　 (B) 電腦病毒　 (C) 郵件炸彈　 (D) 特洛依木馬

( ) 88. 利用建立後門的方式趁機入侵對方電腦的是？
(A) 郵件炸彈　 (B) 阻絕服務　 (C) 電腦病毒　 (D) 特洛依木馬

( ) 89. 不停的發封包給某網站，導致該網站無法處理其他服務，這是？
(A) 電腦病毒　(B) 郵件炸彈　(C) 阻絕服務　(D) 特洛依木馬

( ) 90. 下列哪一種軟體不會感染電腦病毒？
(A) 執行檔　　　　　　(B) 命令檔
(C) 唯讀記憶體 (ROM)　(D) 沒有防寫的磁片

( ) 91. 下列有關電腦病毒的敘述，何者錯誤？
(A) 電腦病毒是一種韌體
(B) 正確使用防毒程式，可減少電腦病毒之危害
(C) 電腦病毒可寄生於執行檔中
(D) 電腦病毒可寄生於啟動磁區中
(E) 使用合法版權軟體可避免感染病毒

( ) 92. 下列有關電腦病毒的敘述，何者正確？
(A) CD-ROM 內的病毒不會感染給其他電腦
(B) 病毒不會透過電腦網路傳播
(C) 電腦只要安裝防毒軟體，即永遠不會被病毒感染
(D) CD-ROM 內的資料不會被病毒破壞

( ) 93. 多年前導致 Yahoo 等商業網站一時之間無法服務大眾交易而關閉，這遭受駭客何種手法攻擊？
(A) 電腦病毒　(B) 阻絕服務　(C) 郵件炸彈　(D) 特洛依木馬

( ) 94. 下列有關電腦病毒的敘述，何者錯誤？
(A) 使用合法版權軟體可以避免病毒感染
(B) 進入執行檔前，可先用掃毒程式清掃此執行檔可能產生之病毒
(C) 病毒是一般程式
(D) 將電腦之電源關掉，即可將病毒消滅

( ) 95. 著作權法保護各種創作，有關智慧財產權的敘述，下列何者錯誤？
(A) 電腦程式受著作權法保護
(B) 程式設計師受雇於某公司，公司為雇用人，程式設計師為受雇人；在無其他契約約定情況下，其於職務上所開發完成的程式，公司為著作人
(C) 智慧財產權保障的是人類思想、智慧、創作而產生具有財產價值的產物權利
(D) 將從網路下載的圖片加上自己的圖形或文字做成海報，違反著作權法

[101 統測]

( ) 96. 下列哪一類軟體，使用者可在試用期間內對它免費使用及複製，但有使用期限或功能限制？
(A) 公用軟體 (public domain software)
(B) 共享軟體 (shareware)
(C) 免費軟體 (freeware)
(D) 自由軟體 (free software)　　　　　　　　　　[100 統測]

( ) 97. 在教育部創用 CC (Creative Commons) 資訊網上有一個圖示如圖(一)，其意義除代表姓名標示之外，還代表下列何者？

圖(一)

(A) 非商業性　　　　　　　(B) 禁止改作
(C) 相同方式分享　　　　　(D) 允許改作及商業性　　[100 統測]

( ) 98. 解壓縮軟體 WinRAR 是下列哪一種軟體？
(A) 共享軟體 (shareware)
(B) 免費軟體 (freeware)
(C) 自由軟體 (open source software)
(D) 公用軟體 (public domain software)　　　　　　[99 統測]

( ) 99. 將要傳送的文件先透過雜湊函數運算後產生訊息摘要，並利用傳送者的私鑰將摘要加密後連同文件一起傳送，是屬於下列哪一種資訊安全的防護策略？
(A) 數位簽章　(B) 防火牆　(C) 防毒軟體　(D) 密碼管制　[100 統測]

( ) 100.下列何者為常用之網路購物安全防護機制？
(A) SSL　　(B) POS　　(C) ATM　　(D) CAM　　　　　[99 統測]

( ) 101.在網路系統中，當企業內部網路 (Intranet) 與網際網路 (Internet) 相連時，其架構上最主要用來防止駭客入侵的設備為何？
(A) 閘道器　(B) 防火牆　(C) 集線器　(D) 防毒軟體　　[101 統測]

( ) 102.為了過濾網路上的使用、防止駭客入侵，因此這間公司裝設有？
(A) 防毒軟體　(B) 郵件伺服器　(C) WWW 伺服器　(D) 防火牆

( ) 103.下列哪一個不是防毒軟體？
(A) PC-Cillin　　　　　　(B) Norton AntiVirus
(C) Visual Basic　　　　　(D) McAfee VirusScan

( )　104.近年來電腦病毒頗為肆虐,它是經由系統啟動或執行程式所感染;通常病毒入侵後,立即隱藏在哪裡?

(A) EPROM　(B) RAM　(C) PROM　(D) ROM

( )　105.何者是"電子商務安全交易"的簡稱?

(A) ATM　(B) SET　(C) POS　(D) GPS

( )　106.下列有關設定瀏覽器安全等級的敘述,何者錯誤?

(A) 可讓瀏覽器不下載外掛程式元件

(B) 可讓瀏覽器不執行程式碼

(C) 可自動設定防火牆

(D) 可讓瀏覽器限制某些網站存取 Cookie　　　　[109 統測]

( )　107.下列何者可確保系統在受攻擊後,可以回復到系統未受損的狀態?

(A) 檢查可疑的超連結

(B) 設定瀏覽器的安全性等級

(C) 防止無線網路被人盜連

(D) 系統的備份與還原　　　　[110 統測]

( )　108.有關電子商務安全機制 SSL 與 SET 的敘述,下列何者正確?

(A) 兩種機制均可達到交易的機密性

(B) 兩種機制均為信用卡支付標準協定

(C) 兩種機制中,消費者與店家均需要憑證作身分識別

(D) 兩種機制均可達到消費者與店家雙方交易的不可否認性 [111 統測]

( )　109.下列哪些方法能減少惡意軟體入侵電腦的機會? ① 安裝防毒軟體 ② 關閉作業系統與軟體更新功能 ③ 避免開啟來源不明的檔案 ④ 架設防火牆⑤ 避免瀏覽高危險群的網站

(A) ①②③⑤　　　　　　　(B) ①②④⑤

(C) ①③④⑤　　　　　　　(D) ①②③④　　　　[111 統測]

🎯 ITS 考題觀摩

( )　01. 下列哪個技術,會使用通道來封裝資料進行通訊?

(A) P2P　(B) VLAN　(C) VPN　(D) NAT

( )　02. 分隔組織私人網路與公用網路的是下列何者?

(A) 外部網路　(B) 內部網路　(C) 網際網路　(D) 周邊網路

( )　03. 你將周邊網路佈署為內部網路與網際網路之間的安全形緩衝區，應該在周邊網路加入哪兩部伺服器？
　　　　(A) DHCP 伺服器　　　　　(B) 內部檔案伺服器
　　　　(C) NAT 伺服器　　　　　　(D) 資料庫伺服器
　　　　(E) 公開的網頁伺服器

( )　04. 想要在兩個異域的區域網路之間透過網際網路建立隨時可用的安全連線應該使用何種技術？
　　　　(A) VLAN　　　　　　　　(B) VPN
　　　　(C) NAT　　　　　　　　　(D) VM

( )　05. 想要保護內部網路以免遭到入侵，又要設定公開的網頁伺服器，請問該怎麼做？
　　　　(A) 將網頁伺服器的 IP 位址設定為區域網路的內部位址
　　　　(B) 將防火牆設定為封鎖連線埠 80 和 443 的存取
　　　　(C) 將網頁伺服器佈置在 DMZ 中
　　　　(D) 將網頁伺服器設定為封鎖連接埠 80 和 443 的存取

( )　06. 何種設備可以透過進出網路流量的監視，來保護其周邊網路？
　　　　(A) 外部網路　　　　　　　(B) 防火牆
　　　　(C) 交換器　　　　　　　　(D) VPN

( )　07. 應該在電腦之間使用 IPsec 的原因有哪兩個？
　　　　(A) 壓縮　　　　　　　　　(B) 備援
　　　　(C) 完整性　　　　　　　　(D) 機密性

( )　08. 周邊網路的主要用途？
　　　　(A) 在私人內部網路與公用網際網路之間提供緩衝區
　　　　(B) 在私人區域網路中監控路由子網路之間的流量
　　　　(C) 做為用來部屬高度敏感性網路伺服器的安全位置
　　　　(D) 作為用來部屬網路用戶端的隱藏位置

( )　09. 若要在 IE 中針對外部網路網站設定權限較低的安全性設定，請將該網站的 URL 新增至哪一個區域？
　　　　(A) 網際網路　　　　　　　(B) 信任的網站
　　　　(C) 限制的網站　　　　　　(D) 近端內部網路

( ) 10. VLAN 具有哪兩個特性？
(A) VLAN 會劃分網路並分離流量
(B) 不論 VLAN 的實體位址在哪裡他們都會表現得像在相同的 LAN 上一樣
(C) 單一交換器只能服務單一 VLAN
(D) VLAN 可以使用 IP 進行封包的邏輯定址

( ) 11. 對下列哪一項有關 hypervisor 的敘述，請選擇正確答案？
(A) Type1 Hypervisor 會直接在系統硬體上執行
(B) Type2 Hypervisor 會直接在系統硬體上執行
(C) Hypervisor 也被稱為裸機 Hypervisor

( ) 12. 遠端使用者，必須透過部署在周邊網路上執行 Windows Server 的伺服器，才能連線到你的電腦網路，請選取正確答案？
(A) 可以使用 VPN 允許使用者，透過網際網路，跟你的網路進行安全連線
(B) 如果使用者透過撥號連線來連上網際網路，伺服器也必須透過撥號連線進行連線
(C) 可以使用 RAS 閘道為 Windows 10 用戶端進行設定，讓用戶端每次連線至網際網路時，即可啟用 VPN 連線

( ) 13. 可在兩部網路裝置之間建立未加密的連線？
(A) 第二層的通道通訊協定　(B) SSL VPN　(C) 站台對站台 VPN

( ) 14. 可讓遠端使用者，從網際網路上的任何位址連線到私人網路？
(A) 站對站的 VPN　(B) SSL VPN　(C) 第二層通道通訊協定

( ) 15. 您正在協助朋友，建立家庭辦公室的公眾網頁伺服器，朋友想要保護內部網路，以免遭到入侵，請問你該怎麼做？
(A) 將網頁伺服器部署在 DMZ 中
(B) 將網頁伺服器設定為封鎖連接埠 80 和 443 的存取
(C) 將防火牆設定為封鎖連接埠 80 和 443 的存取
(D) 將網頁伺服器 IP 位址設定為 LAN 的內部位址

( ) 16. 最容易遭到攔截跟解密的無線加密是？
(A) WEP　(B) WPA2　(C) WPA-AES　(D) WPA-PSK

( ) 17. CompanyPro 計劃將數部伺服器，移轉到雲端架構的虛擬機器，你必須指出在計畫的移轉後將會減少哪些系統管理責任？
(A) 備份應用程式資料
(B) 更換故障的伺服器硬體
(C) 管理實體伺服器安全性
(D) 更新伺服器作業系統

( ) 18. 可讓遠端使用者，從網際網路上的任何位址連線到私人網路的是？
(A) 第二層的通道通訊協定
(B) SSL VPN
(C) 站台對站台 VPN

( ) 19. 使用 Type 2 Hypervisor 和虛擬機器的敘述，請選取正確答案？
(A) 重新啟動主機電腦實體伺服器上的其他虛擬機器都會重啟動
(B) 重新啟動主機電腦而完全不影響實體伺服器上的其他虛擬機器
(C) 要重新啟動虛擬機器，必須重新啟動實體伺服器

( ) 20. 週邊網路主要用途是什麼？
(A) 在私人 LAN 中監控路由子網路之間的流量
(B) 在私人內部網路跟公用網際網路之間提供緩衝區
(C) 用來部署高敏感性網路伺服器的安全位置
(D) 用來部署網路用戶端的隱藏位置

( ) 21. Teredo 通道的通訊協定？
(A) 可提供 VPN 安全性
(B) 可將 IPv4 轉譯為 IPv6
(C) 可以讓 IPv6 的流量通過 IPv4 網路
(D) 可動態配置 IPv6 位址

( ) 22. 在兩部網路裝置之間建立未加密的連線？
(A) 站對站的 VPN　(B) SSL VPN　(C) 第二層通道通訊協定

( ) 23. 何者可安全的連接私人網路的兩個部份或兩個私人網路？
(A) 第二層的通道通訊協定　(B) SSL VPN　(C) 站台對站台 VPN

( ) 24. 某個組織必須將其基礎結構，完全移到外部部署，他們應該將資料中心設置在哪裡？
(A) 虛擬機器　　　　　(B) 公用雲端
(C) 私人雲端　　　　　(D) 混合雲端

( ) 25. 你可以使用哪一種技術將內部網路延伸跨到共用和公用網路？

    (A) VLAN   (B) Microsoft Asp.net

    (C) Microsoft.Net Framkwork   (D) VPN

( ) 26. 安全的連接私人網路的兩個部分或兩個私人網路？

    (A) 站對站的 VPN   (B) SSL VPN   (C) 第二層通道通訊協定

27. 下列敘述正確選"是"，錯誤選"否"。

  (是 / 否) (A) (限制的網站) 區域包含不信任的網站

  (是 / 否) (B) (網際網路) 區域包含不在 (內部網路) 區域內的所有網站

  (是 / 否) (C) (信任的網站) 區域僅包含來自受信任企業分公司網站的網站

28. 下列敘述正確選"是"，錯誤選"否"。

  (是 / 否) (A) IPsec 可用來保護兩台電腦之間的網路通訊安全

  (是 / 否) (B) IPsec 可用來保護兩個網路之間的網路通訊安全

  (是 / 否) (C) IPsec 網路流量永遠都有加密

29. 下列敘述正確選"是"，錯誤選"否"。

遠端使用者需要透過佈署在周邊網路上執行 windows server 2016 的伺服器連線至你的網路。

  (是 / 否) (A) 可以使用 VPN，允許使用者透過網際網路與你的網路進行連線

  (是 / 否) (B) 如果使用者透過撥號連線至網際網路.伺服器也必須透過撥號連線進行連線

  (是 / 否) (C) 可以使用 RAS 閘道，為 windows10 用戶端設定每當用戶端連線至網際網路時即可啟用 VPN 連線

30. 執行 windows server 2016 電腦部署在周邊網路，你想要使用這台電腦路由傳送網際網路與你網路之間的流量，設定哪一個角色？

  答：

9 全球資訊網

學習重點

- 9-1 WWW 簡介
- 9-2 WWW 伺服器
- 9-3 瀏覽器
- 9-4 WWW 資源
- 9-5 入口網站與網路資源搜尋

9-1 WWW 簡介

WWW 在閱讀文章時，它的結構是網狀的，從某一頁看起，沒看完就跳至另一個有趣的主題了，也就是說每一頁都有它的連結，或許看了幾頁之後又再回到同一頁，與一般傳統按照順序的閱讀是完全不同，WWW 是蛛網式的閱讀順序，非常有彈性的連結網路上其它資源，為提供網路多媒體資訊存取的最佳工具。

WWW 特色：

1. 文件瀏覽功能：Hypertext (超文件)、Hyperlink (超連結）。

2. 多媒體瀏覽功能：Hypermedia (超媒體)，如圖像、動畫、聲音。

3. 提供其他連結功能：telnet (遠端登錄)，gopher (小地鼠資訊系統)，mail (電子郵件)，news (網路論壇)，ftp (檔案傳輸) 等。

9-2 WWW 伺服器

WWW 伺服器，其實就是網路中的一個站台，為了是可讓其他的使用者透過網路連線到此站台來瀏覽資訊、取得資料，並進行一些資料交換或查詢的網路工作。這個 WWW 站台提供服務給線上使用者，這些服務包含：

- 檔案傳輸
- 電子郵件
- 網路論壇
- 文件庫
- 圖片庫

也因為如此，提供這些服務的站台，也就稱為 WWW 伺服器。那麼如何建置 WWW 伺服器呢？建置步驟如下：

1. **申請網域網址**

    網址就是網域名稱，作為網路就像個人標誌或公司的商標，目前一般較有規模的企業都有其專屬網址，如 IBM：www.ibm.com，台灣雅虎奇摩：tw.yahoo.com 等。說明如下：

	欄位 1	欄位 2	欄位 3	欄位 4	欄位 5	欄位 6	欄位 7
格式	www	·	sony	·	com	·	tw
說明	主機名稱	連結符號	網域名稱	連結符號	類別名稱	連結符號	國碼

由上表可知，這台主機的意義為：台灣商業組織 Sony 公司的主機。

其中欄位 5 及欄位 7 的代碼為：

第 5 欄位		第 7 欄位	
類別名稱	代表單位	國碼	代表國家
com	商業機構		美國
gov	政府單位	tw	台灣
org	財團法人	jp	日本
edu	教育單位	hk	香港
net	網路機構	uk	英國
idv	個人	cn	中國

知道這些網域網址，那麼需要向誰申請呢？在台灣有許多網際網路服務的公司與單位，都有提供此服務，這些服務單位如下表：

申請單位	網址
台灣線上網域註冊中心	http://register-nic.net/
網路中文	http://www.net-chinese.com.tw/
TWNIC	http://www.twnic.net/
HiNet	http://www.hinet.net/
PChome	http://myname.pchome.com.tw/
Yahoo	http://tw.domain.yahoo.com/

⬆ 申請網域名稱之各單位網址

2. **要能寬頻上網**

可以向 ISP 業者申請連線，申請種類有兩種，固接 (固定 IP) 與撥接 (浮動 IP)，如要當主機那就必須申請固接。

3. **安裝伺服器程式**

在個人電腦中或是伺服器中安裝伺服器軟體，讓它成為真正的網站伺服器，目前有兩大系統，一為 Windows 作業系統，另一個為 Linux 作業系統，而 Windows 目前可以不用 Server 等級的作業系統，在一般 Windows 系統就可以安裝 XOOPS 的 Appserv 三合一的套件架設網站，非常快速方便。

	作業系統別	建置網站軟體	外掛互動式軟體
Windows 版本	Windows 10 Windows 11	IIS Apache	ASP、Jsp、PHP、perl、CGI、MySQL 等
Windows server 版本	Windows server	IIS Apache	ASP、Jsp、PHP、perl、CGI、MySQL 等
Linux 版本	Linux fedora Linux redhat Linux Mandrake	Apache	PHP 、MySQL、phpMyAdmin、perl、CGI 等

⬆ 架設網站各作業系統之比較

4. **開放防火牆**

設定開放防火牆，讓網路使用者透過網路連線到你的 WWW 伺服器。

5. **安裝互動式套件（ASP 或 PHP）**

一般網站是標準的 Html 格式，屬於單向網頁瀏覽，如要達到互動式網頁連結，則必需外掛 ASP、PHP 互動是描述語言軟體。

6. **資料庫軟體安裝（MySQL）**

欲使用互動式網頁，最關鍵就是需要資料庫系統，以做為互動式網頁的查詢。

7. **建置網站內容**

最後就是規劃網頁內容及建置你的 WWW 網站。

9-3 瀏覽器

瀏覽器是一種可以將網路上的資料變成網頁視窗顯現的一種程式工具，瀏覽器發展至今種類相當多種，如 IE (Internet Explorer)、Google Chrome、Firefox 等，還有很多國外的瀏覽器。主要目的是用來瀏覽網際網路的文件及檔案，它可以讓你瀏覽網頁、下載檔案等等。瀏覽器可以讓您連接到 Internet，並且獲取在這些網路主機的電腦中資料。

9-3-1 IE 瀏覽器回顧

(註：此為歷史回顧，曾經很重要的瀏覽器，有些老系統依然使用中)

IE 瀏覽器的啟動有三種方式，如圖：

1. 『開始』→『程式集』→『Internet Explorer』啟動。

2. 桌面上『Internet Explorer』之圖示連續按滑鼠左鍵兩次啟動。

3. 快捷列圖示點選啟動。

啟動後的畫面如下：

⬆ IE 瀏覽器頁面功能說明

IE 瀏覽器特點：

1. 免費

2. 支援更多的多國語文

3. 可與其他瀏覽器的書籤互相交換

4. 增加網路廣播電台

5. 具有自訂標籤功能

6. 可離線瀏覽

7. 自動搜尋與自動鍵入的功能

9-3-2 Google 瀏覽器

Google 推出的瀏覽器,免費給使用者使用,啟動後的頁面略有不同。

啟動後的畫面如下:

⬆ Google 瀏覽器頁面功能說明

Google 瀏覽器特點:

1. 「Google 瀏覽器」開啟網頁和執行應用程式的速度快。

2. 搜尋內容和巡覽網頁,通通可由一個方塊執行。

3. 隨心所欲擺放分頁,既快速又簡單。

4. 快速前往最愛網站,只需點一下「新分頁」網頁中的最常造訪網站縮圖。

5. 具有 Google 瀏覽器主題庫。

瀏覽器的種類和版本相當多,只概略介紹這兩種,尚有 Firefox、Opera、Safari 瀏覽器等。

Principles of Computer Networks

9-4 WWW 資源

全球資訊網所說的資源如 Web Mail、Outlook Express、Telnet、SSH、BBS、news、FTP、Archie 等，都是全球資訊網的附加功能，利用這些額外的功能程式，將無數的散佈在各處的網路資源主機，來提供所需的服務。

這些資源可能是靜態的檔案、文件或物件，或是互動式查詢服務，WWW 的另一種資源貢獻就是資源定址一致化，利用網址列的通訊名稱不同，達成各項通訊協定之目的。

一般經常使用的通訊協定格式下列幾種：

協定	URL 格式	動作
www	http://tw.yahoo.com	存取雅虎奇摩台灣主機首頁
FTP	ftp://192.168.240.200	以匿名連線至 192.168.240.200FTP 主機
FTP	ftp://thoung@192.168.240.200	以 thoung 帳號登入至 192.168.240.200FTP 主機
FTP	ftp://thoung:1234@sivs.chc.edu.tw	以 thoung 帳號、密碼 1234 登入至 192.168.240.200FTP 主機
mail	mailto:thoung@ms13.hinet.net	啟動 mail 程式，寫信給 ms13.hinet.net 的 thoung
telnet	telnet://bbs.ccns.ncku.edu.tw	啟動 telnet 程式，連接至成大夢之大地的 bbs 主機
Net news	news:news.ccns.ncku.edu.tw	啟動 news 程式，連接至成大失落的國度的 news 主機
file	file://C:/winrar/data.txt	載入 C 磁碟機下的/winrar/data.txt 檔案
gopher	gopher://gopher.hinet.net	連接至 gopher.hinet.net 主機進行 gopher 的存取

9-5 入口網站與網路資源搜尋

在第 1 章時提及四大類網際網路的網站入口，有 HiNet、TANnet、有線電視系統，以及手機業者等之民營的網際網路服務供應商 (Internet Service Provider，簡稱 ISP)。這些入口網站亦提供首頁服務，使用者登錄、搜尋及訊息服務等。

在無國界的浩瀚網路世界裡，要找到您想要的資料可能比登天還難，但自從有了搜尋引擎，找資料的工作相對就容易很多。以下是一些常用的搜尋引擎網站網址，可以進入這些網址尋找您在網路上想得到的資料資訊。

國內著名的 WWW 入口網站資源：

中文名稱	網址
經史子集全球資訊網	http://ji.fido.net.tw
奇摩站 KIMO	http://tw.yahoo.com
台灣 Google	http://www.google.com.tw
HiNet 全球資訊網	http://www.hinet.net

⬆ 常用搜尋引擎名稱及網址

搜尋引擎的使用方法：下列規則可以套用到所有的查詢中：

1. 查詢是不區分大小寫的。

2. 預設查詢是以模糊比對方式執行，因此您的查詢字串最好不要太短或太攏統，得到的結果將比較精確。

3. 如果您要精確的查詢，請將您的查詢字串放在引號 " " 中，如："雙絞線" 或 "Twin-map"。

4. 您可在查詢中使用：**AND**、**OR** 及 **NOT NOT** 運算子，只可在 **AND** 運算子之後使用。只使用 **NOT** 運算子，會將符合先前內容限制的文件排除在外。

搜尋	長表單	結果
同一份文件中的二個術語	black and cat	同時含有 black 及 cat 字詞的文件
含有任一術語的文件	black or cat	同時含有 black 及 cat 的文件
只含某個術語，而不含第二個術語	black and not cat	含 black 但無 cat 文字的文件

搜尋引擎可以設定您想要搜尋的文件，如 Google 搜尋引擎的進階設定，可以將您的搜尋範圍限制的更小，更容易搜尋您想要的資訊。

⬆ 收尋引擎進階設定

( ) 01. 關於設定 Proxy 伺服器功能的敘述，下列敘述何者錯誤？
(A) 可減少區域網路對外連線的負載
(B) 通常可加快網頁的下載速度
(C) 用戶可能下載到舊的網頁
(D) 用戶是直接由網站下載網頁　　　　　　　　　　[92 統測]

( ) 02. 網際網路上 Proxy server 的主要功能為何？
(A) 將網域名稱 (domain name) 轉換為 IP 位址
(B) 暫存及提供使用者取用的網頁資料，以降低網路流量
(C) 傳送與接收電子郵件
(D) 提供共享軟體，供使用者下載使用　　　　　　　[92 二技]

( ) 03. 在網路上檢索勞健保資料，健保局需架設下列何種設備？
(A) 視訊伺服器　　　　　　(B) 列印伺服器
(C) 郵件伺服器　　　　　　(D) 資料庫伺服器　　　[96 二技]

( ) 04. Windows 98 的網頁瀏覽器 IE，通常須設定 Proxy 伺服器，為什麼？
(A) 可防止電腦當機
(B) 可避免電腦中毒
(C) 可加快速遠端網頁的下載速度
(D) 可定期更新網頁內容　　　　　　　　　　　　　[90 統測]

( ) 05. 關於 Proxy 伺服器功能的敘述，下列哪一項敘述有誤？
(A) 通常可加快網頁的下載速度
(B) 用戶是直接由外部網站下載網頁
(C) 用戶可能下載到舊的網頁
(D) 可減少區域網路對外連線的負載　　　　　　　　[97 技競]

( ) 06. 下列哪一種網際網路服務，最適合同時呈現文字、圖片、聲音及動畫？
(A) Archie　(B) BBS　(C) FTP　(D) WWW　　　[96 統測]

( ) 07. 全球資訊網是一種網際網路的應用，其英文縮寫是：
(A) BBS　(B) FTP　(C) Telnet　(D) WWW　　　[94 統測]

( ) 08. 已知某 URL 為 http://www.ncl.edu.tw/，下列何者對此 URL 的描述有錯誤？
(A) 指向台灣某教育單位　(B) 指向首頁的伺服器
(C) 可以公開讓大眾使用　(D) 格式書寫錯誤　　　　[91 統測]

( )　09. 在 Microsoft Internet Explorer 網址列鍵入下面哪一項內容，會看到我國教育部全球資訊網的首頁？
    (A) http://www.abc.com
    (B) http://www.abc.com.tw
    (C) http://www.edu.tw
    (D) http://www.HiNet.net　　　　　　　　　　　　　　[91 統測]

( )　10. 目前國內統籌網域名稱註冊及 IP 位址發放的機構為：
    (A) TWNIC　　(B) 資策會　　(C) 中華電信　　(D) TWCERT　　[92 統測]

( )　11. 若有一單位的網址為 http://www.taiwan.gov.tw，其中 taiwan 所代表的意思是？
    (A) 公司行號或機構的性質
    (B) 公司行號或機構的名稱
    (C) 伺服器的主機名稱
    (D) 公司行號或機構所在地之國名　　　　　　　　　[93 統測]

( )　12. 網址為 http://www.vicin.org.tw/index.htm 的單位，應該為下列何種機構？
    (A) 政府機關　　　　　　　(B) 組織法人
    (C) 商業機構　　　　　　　(D) 國防軍事機構　　　　[93 統測]

( )　13. 在網際網路的網域組織中，下列機構類別代碼，何者正確？
    (A) com 代表教育機構　　　(B) idv 代表個人
    (C) mil 代表政府機構　　　(D) org 代表軍事單位　　[94 統測]

( )　14. 下列哪一個網域名稱 (Domain Name) 是屬於我國政府機關所擁有的網域名稱？
    (A) www.twn.org　　　　　(B) www.tw.gov.com
    (C) www.cwb.gov.org　　　(D) www.cwb.gov.tw　　　[97 統測]

( )　15. 某合法機構網域名稱的類別為 gov，則該機構的性質為？
    (A) 商業機構　　　　　　　(B) 非官方機構
    (C) 軍方機構　　　　　　　(D) 政府機構　　　　　　[97 統測]

( )　16. 網址 www.doh.gov.tw 為某衛生主管機關的網站，其中何者是該機關名稱的縮寫？
    (A) www　　(B) doh　　(C) gov　　(D) Tw　　　　　[97 統測]

( ) 17. 若欲利用網頁瀏覽器瀏覽網址為 www.abc.com 且埠號 (Port) 為 8080
的 Web 主機，則請問您應如何在瀏覽器的網址列輸入此網址？
(A) http:// www.abc.com/
(B) http://www.abc.com/8080
(C) http://8080:www.abc.com
(D) http://www.abc.com:8080/ [96 技競]

( ) 18. 網址 http://www.fsvs.ks.edu.tw/應該屬於下列哪一個機關團體所
擁有？
(A) 台灣某私人企業　　(B) 台灣某財團法人
(C) 台灣某教育單位　　(D) 台灣某公立機關 [97 技競]

( ) 19. 下列描述何者不正確？
(A) IE 是搜尋引擎
(B) 可在 Google 或 Yahoo 上鍵入關鍵字，便可自動找到相關的資料
(C) 在其他網頁上找到精彩的文章，不可以任意轉貼到自己的網頁
(D) www.ntut.edu.tw 最可能是一個教育機構的網頁 [95 統測]

( ) 20. 考完四技二專考試，想要到技專校院入學測驗中心網站查詢公告的標
準答案，下列查詢網址的方法，何者較適宜？
(A) 用 Outlook 查詢
(B) 問 104 查號台
(C) 到 Yahoo 奇摩、Google 等網站搜尋
(D) 到中華郵政網站搜尋 [95 統測]

( ) 21. 下列何者最適合用來搜尋網頁資料？
(A) 檔案傳輸 (FTP)　　(B) 瀏覽器 (Browser)
(C) 遠距教學　　　　　(D) 視訊會議 [96 統測]

( ) 22. 下列有關全球資訊網瀏覽器的敘述何者不正確？
(A) 在瀏覽器中可以預設首頁的網址
(B) 在瀏覽器中可以停止下載網頁
(C) 瀏覽器是全球資訊網的伺服器端
(D) IE (Internet Explorer) 是一種瀏覽器 [90 統測]

( ) 23. Internet Explorer 瀏覽器變更當作首頁的畫面，可在 Internet 內容或
Internet 選項的哪個標籤中完成？
(A) 一般　(B) 安全性　(C) 內容　(D) 連線 [91 統測]

( ) 24. 在 Internet Explorer 中瀏覽網頁時,如果想要將常拜訪的網站網址記錄下來,可以將網址加入
(A) [記錄] 資料夾 　　　(B) [頻道] 資料夾
(C) [搜尋] 資料夾 　　　(D) [我的最愛] 資料夾

( ) 25. 在 Internet Explorer 中瀏覽網頁時,如果想要將某個常常拜訪的網頁定為開啟瀏覽器時就要顯示的首頁應使用哪一個方式?
(A) 在 [Internet 選項] 對話框中設定
(B) 在 [我的最愛] 對話框中設定
(C) 在 [記錄] 資料中選取
(D) 在 [開啟] 檔案對話框中設定

( ) 26. 要將網頁中的某張圖片內容儲存在電腦中,則應如何操作?
(A) 選取 [檔案] 功能表的 [儲存檔案] 指令
(B) 選取圖片,在選取 [編輯] 功能表的 [複製] 按鈕,再貼上於影像處理軟體中儲存
(C) 在圖片上按一下右鍵,選取 [另存圖片] 指令
(D) 以上皆可

( ) 27. 下列何者不是常見的搜尋引擎?
(A) Openfind 　(B) 蕃薯藤 　(C) Yahoo 　(D) 人力銀行 　　　[丙檢]

( ) 28. 當我們想把喜歡的網站位置保留下來以便未來輕易找到,Internet Explorer 可以藉由哪項功能做到?
(A) 超連結 　(B) 我的最愛 　(C) 紀錄 　(D) 我的標籤 　　　[丙檢]

( ) 29. 若想要將最常拜訪的網站設定為開啟 Internet Explorer 6 時的首頁,應執行下列哪個動作?
(A) 在瀏覽該網站時,執行 [檔案]\[另存新檔]
(B) 在瀏覽該網站時,執行 [我的最愛]\[加到我的最愛]
(C) 執行 [工具]\[網際網路選項],在 [一般] 標籤中設定
(D) 執行 [工具]\[網際網路選項],在 [內容] 標籤中設定 　　　[丙檢]

( ) 30. 在 Internet Explorer 6 中,若要將網頁畫面中的圖片設為桌面底色圖案,應執行下列哪個動作?
(A) 在圖片上按滑鼠右鍵選取「到我的圖片」
(B) 在圖片上按滑鼠右鍵選取「設成背景」
(C) 在圖片上按滑鼠右鍵選取「加到我的最愛」
(D) 以滑鼠選取圖片,再點選 [編輯] 功能表中的「複製」命令 [丙檢]

( ) 31. 在 Internet Explorer 6 中，若要設定「透過 Proxy 伺服器連接 Internet」，則應執行下列哪個動作？
(A) 執行 [工具]\[網際網路選項]，在 [連線] 標籤中設定
(B) 執行 [工具]\[網際網路選項]，在 [一般] 標籤中設定
(C) 執行 [工具]\[同步處理]
(D) 開啟 [控制台]\[撥號網路] [丙檢]

( ) 32. 使用瀏覽器時，若發現網頁顯示的速度變得很慢，下列何者不是可能的原因？
(A) 網頁的內容太過龐大
(B) 網頁的圖片太多或太大
(C) 「我的最愛」或「標籤」中收集太多網站
(D) 網路塞車 [丙檢]

( ) 33. 如果想防止青少年進入一些色情或暴力網站，微軟公司的瀏覽器可以藉由哪項功能做到？
(A) 沒有這項功能 (B) 不好的網站 (C) 分級 (D) 分類 [丙檢]

( ) 34. 網際網路上 Proxy server 的主要功能為何？
(A) 將網域名稱 (domain name) 轉換為 IP 位址
(B) 暫存及提供使用者取用的網頁資料，以降低網路流量
(C) 傳送與接收電子郵件
(D) 提供共享軟體，供使用者下載使用 [92 二技]

( ) 35. 下列哪一個網站以「拍賣」作為其最主要的業務？
(A) 104 人力銀行 (www.104.com.tw)
(B) 番薯藤 (www.yam.com)
(C) eBay 網站 (www.ebay.com)
(D) Google 網站 (www.google.com) [95 二技]

( ) 36. Windows 98 的網頁瀏覽器 IE，通常須設定 Proxy 伺服器，為什麼？
(A) 可防止電腦當機
(B) 可避免電腦中毒
(C) 可加快遠端網頁的下載速度
(D) 可定期更新網頁內容 [90 統測]

( ) 37. 假設我們想進入總統府的網站，卻不知道總統府網站的網址，下列哪一種服務可以最快幫我們找到網址？
(A) 搜尋引擎 (B) Archie (C) FTP (D) BBS [90 統測]

( ) 38. 當今網頁式查詢服務非常便利，下列何者為付費查詢服務？
(A) 台鐵火車時刻表
(B) 中華電信客戶通話費資料
(C) 中時電子報歷年全年索引
(D) 國家圖書館圖書資料　　　　　　　　　　　　　　[91 統測]

( ) 39. 下列哪一個網站不是著名的入口網站？
(A) Yahoo!奇摩　(B) 蕃薯藤　(C) eBay 網站　(D) 新浪網　[93 統測]

( ) 40. 使用 Microsoft IE 瀏覽器查閱網頁資料時，是使用哪一種通訊協定？
(A) DHCP　(B) FTP　(C) HTTP　(D) SMTP　　　　　[97 統測]

( ) 41. 下列何種 Windows 軟體按 F5 時會進行「重新整理」的作用？
(A) IE (Internet Explorer)　(B) Word
(C) Excel　　　　　　　　　(D) PowerPoint　　　　　[96 技競]

( ) 42. 網域名稱 www.fish.org.uk，其中何者是公司機構的名稱？
(A) www　(B) fish　(C) org　(D) Uk　　　　　　　[95 統測]

( ) 43. 網際網路領域名稱中 ".gov" 代表何種組織？
(A) 政府組織　　　　　　(B) 公司組織
(C) 網路組織　　　　　　(D) 學校組織　　　　　　　[96 統測]

( ) 44. 在 Microsoft IE 瀏覽器之網址列輸入 http://www.abc.gov.tw，其中
「gov」，是代表哪一類型的機構？
(A) 網路機構　　　　　　(B) 教育機構
(C) 政府機構　　　　　　(D) 商業機構　　　　　　　[97 統測]

( ) 45. 下列關於網域名稱的敘述，何者正確？
(A) www.business.org.uk 是英國的一個商業團體
(B) www.cow.mil.jp 是日本的一個牛奶協會
(C) www.network.net.au 是奧地利的一個網路組織
(D) www.usc.edu 是美國的一個學術單位　　　　　　[98 統測]

( ) 46. 若欲利用 Internet Explorer 瀏覽器去瀏覽「網址為 www.evta.gov.tw」
且「埠號 (Port) 為 6000」之 Web 虛擬主機，則請問如何輸入其位址？
(A) http://www.evta.gov.tw/
(B) http://www.evta.gov.tw/default.htm
(C) http://www.evta.gov.tw/6000
(D) http://www.evta.gov.tw:6000/　　　　　　　　　[丙檢]

( ) 47. 陳國雄上網到 http://www.ntu.mil.tw 網站找資料，由其網域名稱可知它所代表的機構為：
(A) 軍事機構　　　　　　(B) 教育學術機構
(C) 商業機構　　　　　　(D) 網路機構　　　　　　[92 統測]

( ) 48. 網址：http://www.usau.edu.tw/最可能為下列哪一單位？
(A) 台灣某家財團法人　　(B) 中國某家私人企業
(C) 台灣某教育單位　　　(D) 美國某所大學　　　　[92 統測]

( ) 49. 要申請.com 或.org 網域名稱可向哪個單位申請？
(A) 國防部　(B) 內政部　(C) 新聞部　(D) TWNIC。　　　[丙檢]

( ) 50. 網址名稱中.idv 代表是哪一種性質？
(A) 組識單位或財團法人　(B) 教育單位
(C) 公司或商業團體　　　(D) 個人　　　　　　　　[丙檢]

( ) 51. 舉例來說，將 www.site.org 轉換成 IP 位址，應是下列哪種網站伺服器所負責的主要工作？
(A) FTP　　　　　　　　(B) WWW
(C) DNS　　　　　　　　(D) HTTP　　　　　　　[96 二技]

( ) 52. 下列哪一個網域名稱是屬於各級學校的網域名稱？
(A) ab.gou.tw　　　　　(B) ab.coh.tw
(C) ab.net.tw　　　　　(D) ab.edu.tw　　　　　[90 統測]

( ) 53. URL 的表示規則為「通訊協定://伺服器名稱/檔案路徑/檔案名稱」，其中哪一個部分用來表示「以該 URL 所連結之伺服器」的服務性質？
(A) 檔案路徑　　　　　　(B) 檔案名稱
(C) 通訊協定　　　　　　(D) 伺服器名稱　　　　　[94 統測]

( ) 54. 我們常看到的 URL 格式為 http://aaa.bbb.ccc/xxx.html，其中 aaa.bbb.ccc 所代表的意義為何？
(A) 主機位址　　　　　　(B) 國名或地域名
(C) 通訊協定或存取方式　(D) 路徑檔名　　　　　　[94 統測]

( ) 55. 在 Microsoft Internet Explorer 之網址欄內輸入下列網址 (URL，Uniform Resource Locator)，何者之通訊協定雖然省略，仍會完成我們想要的動作？
(A) telnet://198.116.142.34　(B) mailto://chen@msa.hinet.net
(C) http://www.edu.tw　　　　(D) ftp://63.83.194.46　　[94 統測]

( ) 56. 下列 URL (Uniform Resource Locator) 格式，何者正確？
(A) http://ts1.com/23/　　　(B) sysop @ www.cs.edu
(C) http:wxy.org:80　　　　(D) ftp:\\ ftp.dst.net　　　　　[96 統測]

( ) 57. 在網際網路的網域組織中，下列敘述何者是錯誤的？
(A) gov 代表政府機構　　　(B) edu 代表教育機構
(C) org 代表商業機構　　　(D) mil 代表軍方單位　　　　　[丙檢]

( ) 58. 以 http://www.ntnu.edu.tw 網址為例，代表國家或地理區域的是？
(A) www　(B) ntnu　(C) edu　(D) Tw　　　　　　　　　[丙檢]

( ) 59. 下列何者為「中華民國行政院」的網址？
(A) www.ey.com.tw　　　　(B) www.ey.edu.tw
(C) www.ey.gov.tw　　　　(D) www.ey.org.tw　　　　　[99 統測]

( ) 60. 下列哪一種網際網路服務，最適合同時呈現文字、圖片、聲音及
動畫？
(A) WWW　(B) Archie　(C) FTP　(D) BBS　　　　　　[96 統測]

( ) 61. 下列有關 WWW 之敘述，何者錯誤？
(A) 為全球資訊網 (World Wide Web) 之縮寫
(B) 讓企業可以將自己的產品或服務項目等訊息提供給大眾知道
(C) WWW 上之資訊不僅可顯示文字、圖形、還可以顯示聲音、影像
(D) 為使網路資訊自由流通，使用者在其上建立首頁 (Home Page) 時，
可以不受智慧財產保護相關法令約束

( ) 62. 全球資訊網的英文縮寫為何？
(A) FTP　(B) BBS　(C) GOPHER　(D) WWW

( ) 63. WWW 意指？
(A) 廣域網路　(B) 全球資訊網　(C) 網際網路　(D) 數據機

( ) 64. 下列何者並非網際網路 (Internet) 所提供之服務？
(A) WWW　(B) UPS　(C) E-mail　(D) BBS

( ) 65. 下列何種方式不提供給使用者連上 Internet 的服務？
(A) ISP　(B) Skype　(C) 3G　(D) ADSL

( ) 66. 「網際網路」的普及使得電腦能幫助人類從事更多的研究與活動，其
英文名稱為？
(A) Hinet　(B) TANet　(C) Internet　(D) SEEDnet

( ) 67. 如果要以個人電腦撥接上網，下列何者不一定需要？

(A) ISP 提供的帳號及密碼

(B) 在 Windows 開機時以帳號和密碼登入

(C) 電話號碼和電話線

(D) 數據機或網路卡　　　　　　　　　　　　　　　[乙檢]

( ) 68. ISP (Internet Service Provider) 所提供的服務不包含下列何者？

(A) 提供免費電子郵件帳號

(B) 提供免費個人網頁

(C) 提供國安局機密資料全文免費查詢

(D) 提供連線上網　　　　　　　　　　　　　　　　[丙檢]

( ) 69. 全球資訊網是一種網際網路的應用，其英文縮寫是：

(A) Telnet　　(B) FTP　　(C) BBS　　(D) WWW　　　　[94 統測]

( ) 70. 下列有關瀏覽器 (Browser) 的敘述，何者正確？

(A) 瀏覽器可以將全部的網域名稱 (Domain Name) 轉換成為相對的 IP 位址

(B) 瀏覽器是一項網路流量控制設備

(C) 不同瀏覽器對同一網站的網頁均能呈現完全相同的效果

(D) 瀏覽器能同時呈現文字、圖片、超連結等網頁內容。　　[107 統測]

ITS 考題觀摩

( ) 01. www.abc.com 的最上層網域是？

(A) abc　　(B) www　　(C) com　　(D) abc.com

10

電子郵件

學習重點

- 10-1 電子郵件簡介
- 10-2 電子郵件收發軟體介紹
- 10-3 電子郵件其他相關知識

10-1 電子郵件簡介

使用電子郵件可處理以下工作：

1. 傳送及接收郵件。郵件會在幾秒或幾分鐘內傳遞到收件者的電子郵件收件匣，不管收件人是您的鄰居或遠在地球另一邊。

2. 傳送及接收檔案。文件、圖片和音樂、影片都可以透過電子郵件的「附件」傳送。

3. 將郵件傳送給一群人。可以將郵件傳送給許多人，收件者也可以回覆給整個群組。

4. 轉寄郵件。可以將郵件轉寄給其他人。

除了電腦以外，也可以用手機收發電子郵件。在自己專屬的電腦上，通常使用客戶端軟體如 Outlook、而在公用電腦上則使用瀏覽器如 Gmail 來查看郵件。

電子郵件位址的格式

用戶名@網域名稱

例如：jack945@gmail.com。

@是英文 at 的意思，電子郵件位址是表示在某一部主機上的一個使用者帳號。

電子郵件的相關通訊協定

用途	通訊協定	說明
收信	POP3	收信時會將伺服器上的郵件下載至使用者的電腦，POP3 和電子郵件後伺服器位址相同。
	HTTP(S)	WebMail 採用此種通訊協定，收信時下載郵件寄件人和標題，使用者打開信件時會把完整的郵件內容傳送進來。
	IMAP	不透過網站伺服器，處理郵件速度較快，可直接在郵件伺服器上編輯郵件或收取郵件。
收信	MAPI	微軟制定的郵件通訊協定。
送信	SMTP	寄送郵件採用的通訊協定。

註解

Simple Mail Transfer Protocol (SMTP)

1. TCP/IP 通訊協定套裝中的成員，可用來管理訊息傳輸代理程式之間的電子郵件交換。

2. 使用的預設 Port 為 25。

10-2 電子郵件收發軟體介紹

介紹 Outlook 及 Gmail 這兩個最具代表性的收發郵件工具

10-2-1 Outlook

Microsoft Office Outlook 20XX 是一種個人資訊管理和通訊程式，可以統一管理電子郵件、行事曆、連絡人，以及其他個人資訊和小組資訊。

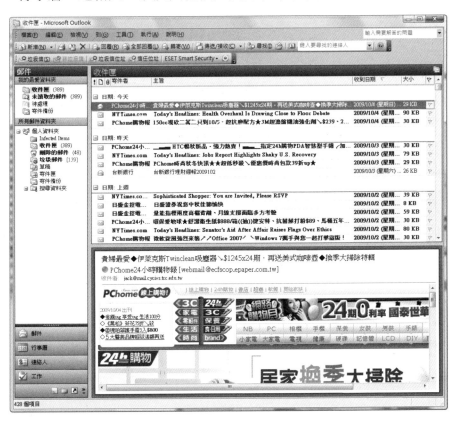

Outlook 有以下重要特色：

1. 方便搜尋所有資訊

   Office Outlook 以關鍵字、日期、或其他任意條件進行搜尋，即可找到電子郵件中您需要的資訊。

2. 防止垃圾郵件及惡意網站

   Office Outlook 可防止垃圾郵件及「釣魚」網站。Outlook 改良了電子郵件篩選功能，並加入了可移除連結的功能，並適時對電子郵件中的具有威脅性的內容發出警告。

3. 可以從 Office Outlook 傳送簡訊。

   可在 Office Outlook 與行動電話之間傳送及接收文字和圖片訊息。

10-2-2 Gmail

Gmail 是免費的網頁郵件服務，結合傳統電子郵件與 Google 的搜尋技術。Gmail 讓我們很容易找到郵件，而且是免費的。

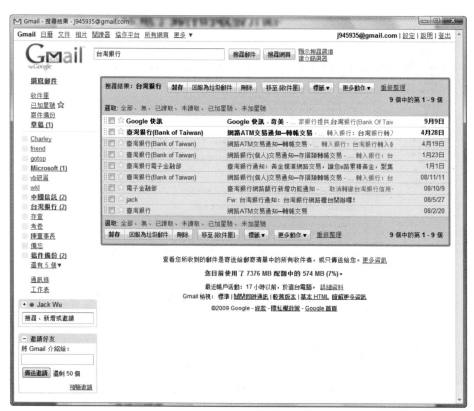

有別於一般的郵件股服務系統，Gmail 有以下特色：

1. **封存取代刪除**

   不必刪除郵件，且可以隨時利用搜尋功能、或在[所有郵件]中尋找已封存的郵件。

2. **即時通訊及視訊通訊**

   在 Gmail 中與可以與聯絡人進行即時通訊，或透過內建的視訊通訊功能面對面暢談。

3. **標籤取代資料夾**

   標籤具備資料夾的所有功能，且可以為一封電子郵件加上多個標籤。

10-3 電子郵件其他相關知識

垃圾郵件

垃圾郵件 (Spam) 包括廣告、詐欺計劃、色情圖片等。

由於對發信的生意人而言傳送垃圾郵件花費很低，使用者收到大量垃圾郵件很常見。

防止垃圾郵件

1. 避免在網站或網際網路的其他公開區域中提供真實的電子郵件地址。

2. 檢查該網站的隱私權聲明，以確定該網站不允許將您的電子郵件地址洩漏給出去。

不回覆垃圾郵件。讓傳送者知道這是有效的電子郵件地址，可能會收到更多垃圾郵件。

( ) 01. 在 Outlook Express 中，我們可以設定「內送郵件伺服器」為下列哪一
種類型的伺服器？
(A) POP3 伺服器 　　　　　(B) SMTP 伺服器
(C) BBS 伺服器 　　　　　　(D) FTP 伺服器 　　　　　　[97 統測]

( ) 02. 若某同學的電子郵件位址為 cat@ms26.hinet.net，則下列何者為提供
服務的郵件伺服器位址？
(A) cat 　(B) hinet 　(C) ms26 　(D) ms26.hinet.net 　　[94 統測]

( ) 03. 小明想在家中透過 E-mail 發送大量的廣告信函來做網路行銷，他的行
為是屬於：
(A) 散發病毒郵件 　　　　　(B) 散發垃圾郵件
(C) 網路攻擊 　　　　　　　(D) 駭客入侵 　　　　　　　[94 統測]

( ) 04. 李小明的電子郵件地址為：lee643@nfu.edu.tw，試問 lee643 代表意義
為何？
(A) 小明的帳號 　　　　　　(B) 小明的姓名
(C) 小明的密碼 　　　　　　(D) 小明的伺服器 　　　　　[95 統測]

( ) 05. 在微軟 Outlook Express 軟體中，利用下列何種符號將收件者的郵件地
址隔開，即可將一封郵件同時傳送給多位收件者？
(A) 底線 　(B) 分號 　(C) 句號 　(D) 驚嘆號 　　　　　[96 統測]

( ) 06. 若電子郵件地址為 cat@msa.hinet.net，則下列敘述何者正確？
(A) IP 位址為 cat.msa.hinet.net
(B) 郵件伺服器為 msa.hinet.net
(C) 使用者的帳號為 cat@msa
(D) 使用者名稱為 msa.hinet.net 　　　　　　　　　　　[98 統測]

( ) 07. 使用電子郵件軟體時，如 Microsoft Outlook Express，從郵件伺服器
(mail server) 收取電子郵件時，所使用的通訊協定 (protocol) 可能為
下列哪一項？
(A) IMAP 　(B) MIME 　(C) HTML 　(D) SMTP 　　　　　[93 統測]

( ) 08. 在設定電子郵件的哪一項功能時，可能會選用 POP 3 (郵局通訊協定
第三版)？
(A) 收信 　(B) 寄信 　(C) 通訊錄 　(D) 郵件規則 　　　　[93 統測]

( ) 09. 在網路上傳輸資料，下列通訊協定，何者可傳送電子郵件？
(A) HTTP　(B) NetBEUI　(C) SMTP　(D) SNMP　　　　　[94 統測]

( ) 10. 在網際網路的應用上，POP3 伺服器指的是下列哪一種？
(A) 收信伺服器　　　　　(B) 網站伺服器
(C) 檔案伺服器　　　　　(D) 寄信伺服器　　　　　[96 二技]

( ) 11. 使用 Outlook Express 時，若欲隱藏預覽窗格，需藉由下列哪個功能表下的版面配置來完成？
(A) 編輯　　　　　　　　(B) 檢視
(C) 工具　　　　　　　　(D) 郵件　　　　　[92 統測]

( ) 12. 在 Outlook Express 收件匣中，若郵件前出現色「！」符號，表示此郵件為：
(A) 高優先順序　　　　　(B) 帶有病毒
(C) 含有附加檔案　　　　(D) 未閱讀過　　　　　[93 統測]

( ) 13. 小明欲以 Outlook Express 寄一封電子郵件給兩位好朋友，下列何者為正確的「收件者」欄位的填寫方式？
(A) can@au.edu ~ bin@pu.edu
(B) can@au.edu ; bin@pu.edu
(C) can@au.edu : bin@pu.edu
(D) can@au.edu & bin@pu.edu　　　　　[94 統測]

( ) 14. 在 Outlook Express 收件匣中，若郵件前面出現迴紋針的符號，表示此郵件：
(A) 含有讀取名條　　　　(B) 含有數位簽章
(C) 具有高優先順序　　　(D) 含有附加檔案　　　　　[95 統測]

( ) 15. E-mail 帳號中必須有哪一個符號？
(A)！　(B) &　(C) *　(D) @　　　　　[丙檢]

( ) 16. 電子郵件除了可以輸入文字之外還可以夾帶檔案，但下列哪一項是不被允許的？
(A) 自己的照片　　　　　(B) 自己錄製的聲音
(C) 電子簽名　　　　　　(D) 未經授權的資料　　　　　[丙檢]

( ) 17. 如果想把電子郵件寄送給許多人，卻又不想讓收件者彼此之間知道您寄給哪些人，可以利用哪項功能做到？

(A) 副本 (B) 做不到 (C) 密件副本 (D) 加密 [丙檢]

( ) 18. 為了讓郵件在傳送過程中不被駭客破壞可以藉由電子郵件哪項功能做到？

(A) 壓縮 (B) 反駭客 (C) 密件副本 (D) 加密 [丙檢]

( ) 19. Outlook Express 不具備下列哪一個功能？

(A) 回信 (B) 轉信 (C) 附加檔案 (D) 排定約會 [丙檢]

( ) 20. Outlook Express 中，每寄出一封信會保留一份在？

(A) 收信匣 (B) 寄件匣 (C) 草稿 (D) 寄件備份 [丙檢]

( ) 21. 使用 Outlook Express 中要寄信給許多人，每個 E-mail 間需要用哪一個符號隔開？

(A)； (B)' (C) (D) @ [丙檢]

( ) 22. 下列有關 E-mail 的敘述，何者有誤？

(A) 寄發電子郵件必須要有收信人的 E-mail Address
(B) E-mail 可以透過電話線來傳送
(C) E-mail 傳送時，沒有指定主旨的信件一定無法傳送
(D) 發信人可以同時將信件傳送給二位以上的收信人 [丙檢]

( ) 23. 在 Outlook Express 中，收到電子郵件時，系統預設信件最先會放在何處？

(A) 收信匣 (B) 寄件匣 (C) 寄件備份 (D) 刪除的郵件 [丙檢]

( ) 24. 在 Outlook Express 中，信件寫好後按下 [傳送] 鈕會先將信件放在何處？

(A) 收信匣 (B) 寄件匣 (C) 寄件備份 (D) 刪除的郵件匣 [丙檢]

( ) 25. 以電子郵件傳送附加檔案 1 分鐘，如果同時傳送給 100 人，理論上應需多少時間？

(A) 1 分鐘 (B) 10 分鐘 (C) 100 分鐘 (D) 1000 分鐘 [丙檢]

( ) 26. 使用 Outlook Express 時，如果想要同時寄發信件給數十人，應該使用哪個功能？

(A) 設定優先順序 (B) 設定同步處理
(C) 使用轉寄 (D) 使用通訊錄 [丙檢]

( ) 27. 在「電子郵件」中，下列何者可以是其內收郵件時所使用的通訊協定？
(A) FTP　(B) POP　(C) SMTP　(D) IPX　　　　　　　[丙檢]

( ) 28. 在「電子郵件」中，其對外寄送郵件時所使用的通訊協定為何？
(A) FTP　(B) POP　(C) SMTP　(D) IMAP　　　　　　[丙檢]

( ) 29. 下列哪種功能可使電子郵件在寄送時，不想讓收件者知道何者收到此信件？
(A) 壓縮　(B) 回傳給本人　(C) 加密　(D) 密件副本　　　[丙檢]

( ) 30. 下列哪種功能可使電子郵件在寄送時，節省傳送時間？
(A) 壓縮　(B) 回傳給本人　(C) 加密　(D) 密件副本　　　[丙檢]

( ) 31. 下列何者不是「電子郵件」所使用的通訊協定？
(A) FTP　(B) POP　(C) SMTP　(D) IMAP　　　　　　[丙檢]

( ) 32. 下列何者是數位簽名的功能？
(A) 確認發信人的身份　　　(B) 回傳給本人
(C) 加密　　　　　　　　　(D) 密件副本　　　　　　[丙檢]

( ) 33. 電子郵件在傳輸時，加入下列哪個動作有助於防止被竊取資料？
(A) 壓縮　(B) 回傳給本人　(C) 加密　(D) 副本　　　　[丙檢]

( ) 34. 在 Windows 作業系統中，開啟 Outlook Express 從 E-mail 伺服器收取電子郵件，是採用下列哪一種協定？
(A) FTP (file transfer protocol)
(B) HTTP (hyper text transfer protocol)
(C) POP3 (post office protocol v3)
(D) SMTP (simple mail transfer protocol)　　　　　　[95 二技]

( ) 35. 建立並寄送一封新電子郵件的過程中，下列哪一項動作一定要進行？
(A) 輸入收件者的電子郵件地址
(B) 設定電子郵件內文的字型
(C) 輸入副本收件者的電子郵件地址
(D) 撰寫這封電子郵件的主旨　　　　　　　　　　　[95 二技]

( ) 36. 有關網頁信箱 (web mail) 之敘述，下列何者錯誤？
     (A) 無法刪除郵件
     (B) 可以回覆郵件
     (C) 方便旅遊者接收郵件
     (D) 可使用網頁瀏覽器閱讀郵件　　　　　　　　　　　[96 二技]

( ) 37. 下列有關電子郵件的敘述何者不正確？
     (A) 電子郵件不可以沒有郵件內容
     (B) 電子郵件可以同時送給許多人
     (C) 電子郵件位址中不可以沒有@的符號
     (D) 電子郵件軟體可以隨時送收電子郵件　　　　　　　[90 統測]

( ) 38. 下列哪一個軟體較適合接收電子郵件？
     (A) MICROSOFT WORD
     (B) MICROSOFT EXCEL
     (C) MICROSOFT ACCESS
     (D) MICROSOFT OUTLOOK　　　　　　　　　　　　[90 統測]

( ) 39. 啟動 Outlook Express 來傳送電子郵件，若需要隨信寄出附加檔案，則
         可利用開啟新郵件之工作視窗中的哪一個功能表來完成？
     (A) 編輯　 (B) 檢視　 (C) 插入　 (D) 說明　　　　　[91 統測]

( ) 40. 在設定 E-mail 帳號時，以常用的 Outlook Express 為例，「外送郵件
         伺服器」是使用下列哪種通訊協定？
     (A) POP3　 (B) HTTP　 (C) SMTP　 (D) MAIL　　　　[93 統測]

( ) 41. 下列對於網際網路相關知識的敘述，何者不正確？
     (A) DHCP (動態主機配置協定) 可將網域名稱轉換為對應的 IP 位址
     (B) 電子郵件之位址為 shin@haw.ntust.edu.tw，其中 haw.ntust.edu.tw
         為郵件伺服器
     (C) 192.192.232.11 是合法的 IP 位址
     (D) 固接專線 T3 提供的頻寬，大於 T1 所提供的頻寬　　[94 統測]

( ) 42. 下列何者可以利用 Microsoft Outlook Express 來達成？
     (A) 收發電子郵件 (E-mail)
     (B) 架設 BBS 網站
     (C) 與好友小芳進行網路聊天
     (D) 架設電子郵件伺服器 (mail server)　　　　　　　　[94 統測]

( ) 43. 下列何者為電子郵件伺服器間，互相交換電子郵件時所用的通訊協定？
(A) FTP　(B) POP3　(C) SMTP　(D) UDP　　　　[94 統測]

( ) 44. 下列何者不是處理電子郵件的相關通訊協定？
(A) IMAP　(B) MIME　(C) POP3　(D) SMTP　　　　[94 統測]

( ) 45. 下列關於使用 Microsoft Outlook Express 在電子郵件中加入「超連結」的敘述，何者正確？
(A) 每封郵件只能加入一個超連結
(B) 系統會自動幫超連結加上底線
(C) 郵件本文中只要有底線的文字都是超連結
(D) 只能點選功能表上的「插入/超連結」來加入超連結　　　　[94 統測]

( ) 46. 下列關於電子郵件的敘述，何者正確？
(A) 傳送電子郵件時，只能附加傳送文字檔
(B) 傳送新郵件時，可以填寫一個以上的收件者
(C) POP3 通訊協定提供寄發及接收電子郵件的功能
(D) 電子郵件帳號主要由使用者名稱與網路名稱所組成　　　　[98 統測]

( ) 47. 下列哪種功能可使電子郵件在寄送時，不想讓收件者知道何者收到此信件？
(A) 壓縮　(B) 回傳給本人　(C) 加密　(D) 密件副本　　　　[95 技競]

( ) 48. 設定網路連線時，POP3 伺服器指的是？
(A) 檔案伺服器　　　　　(B) 網站伺服器
(C) 收信伺服器　　　　　(D) 寄信伺服器　　　　[95 技競]

( ) 49. 在接收郵件時，若郵件上出現紅色「!」符號，表示此封郵件出現下列哪一項狀況？
(A) 帶有病毒的郵件
(B) 含有「附加檔案」的郵件
(C) 為「已刪除」郵件
(D) 為「急件」　　　　[97 技競]

( ) 50. 電子郵件 E-mail 是 Internet 中，下列哪一項通訊協定之實作？
(A) NNTP　(B) SMTP　(C) HTTP　(D) FTP　　　　[97 技競]

( ) 51. 用來提供使用者接收電子郵件服務的通訊協定為？
      (A) SMTP　(B) POP3　(C) DHCP　(D) ARP　　　　　　　　　[97 技競]

( ) 52. 下列有關網路服務的介紹，何者正確？
      (A) BBS 主要提供部落格相關功能
      (B) E-mail 使用 POP3 通訊協定來寄發電子郵件
      (C) FTP 伺服器只能提供資料下載而不能提供資料上傳
      (D) WWW 可以將聲音及影像等資料放置在網頁中　　　　　　[99 統測]

( ) 53. 對於網際網路所提供的服務，下列有關通訊協定的敘述何者正確？
      (A) DHCP 通信協定主要是應用於網路電話
      (B) FTP 通信協定主要是應用於傳送電子郵件
      (C) HTTP 通信協定主要是應用於瀏覽全球資訊網
      (D) SMTP 通信協定主要是應用於檔案上傳或下載　　　　　[100 統測]

( ) 54. 下列何者不是通用的全球資源定址器 (URL) 中通訊協定 (protocol) 的
      名稱？
      (A) mail　(B) http　(C) ftp　(D) telnet　　　　　　　　　　[101 統測]

( ) 55. 什麼是 Email？
      (A) 全球資訊網　　　　　　　　(B) 電子郵件
      (C) 電子佈告欄　　　　　　　　(D) 網路論壇

( ) 56. 目前散佈各地的電腦使用者常使用下列哪一個功能，經由電腦網路收
      送訊息？
      (A) 電子郵件　　　　　　　　　(B) 電傳通訊購物
      (C) 電子報紙　　　　　　　　　(D) 電子會議

( ) 57. 請問一般電子郵件伺服器 (Email Server) 間的「寄送郵件」是透過何
      種通訊協定？
      (A) HTTP　　　　　　　　　　　(B) SMTP
      (C) POP3　　　　　　　　　　　(D) DHCP　　　　　　　　　　[103 統測]

( ) 58. 下列何者是個人電腦自伺服器接收 E-mail 時所採用的通訊協定？
      (A) POP3　　　　　　　　　　　(B) FTP
      (C) SMTP　　　　　　　　　　　(D) DNS　　　　　　　　　　[105 統測]

( ) 59. 下列有關 Gmail 的說明，何者正確？
(A) 每個人只能申請一組 Gmail 帳戶
(B) 使用者必須要在電腦安裝專用的 Gmail 郵件軟體才能開啟或是透過 Gmail 寄送電子信件
(C) 使用「回覆」功能處理對方寄來的電子郵件時，若使用者沒有另行編輯回覆的信件內容，Gmail 會將對方寄來的電子郵件所有內容 (包含附加檔案) 寄回給該郵件的發信者
(D) 使用「轉寄」功能處理對方寄來的電子郵件時，若使用者沒有另行編輯轉寄的信件內容，Gmail 會將對方寄來的電子郵件所有內容 (包含附加檔案) 寄給指定的收信者   [109 統測]

( ) 60. 下列有關 abc@mail.com.tw 電子郵件地址的敘述，何者正確？
(A) .com.tw 為使用者帳號
(B) abc@mail 為使用者帳號
(C) @mail 為郵件傳輸協定
(D) mail.com.tw 為郵件伺服器位址   [107 統測]

( ) 61. 大明若用 Outloook Express 寄信，「收件者」欄中填小美的信箱、「副本」欄中填志雄的信箱、「密件副本」欄中填宜靜的信箱，則當小美收到信時，下列敘述何者最正確？
(A) 小美不會知道該信有知會志雄及宜靜
(B) 小美可以知道該信有知會志雄及宜靜
(C) 小美可以知道該信有知會宜靜，但不會知道有知會志雄
(D) 小美可以知道該信有知會志雄，但不會知道有知會宜靜。
                    [107 統測]

( ) 62. 一個電子郵件地址格式如 king@ntu.edu.tw，其中@之後 ntu.edu.tw 代表？
(A) 使用者帳號   (B) 檔案傳輸之協定
(C) 郵件伺服器地址   (D) 個人網頁帳號   [102 統測]

( ) 63. 若欲將一封電子郵件用 Outlook Express 寄送給許多人但收件者之間彼此不知道寄件者同時寄給哪些人，則可使用下列何項功能？
(A) 加密   (B) 副本收件人
(C) 正本收件人   (D) 密件副本收件人   [104 統測]

( ) 64. 使用 Microsoft Outlook Express 電子郵件軟體撰寫信件，必須正確填寫下列哪一項資料才能順利傳送至目的地？
(A) 附加檔案　(B) 收件者　(C) 主旨　(D) 內容　　　　　　　[106 統測]

( ) 65. 下列關於使用郵件軟體來收發電子郵件的通訊協定，哪一個敘述最正確？
(A) POP3 協定 (Post Office Protocol) 可以協助使用者將信件送出
(B) POP3 協定 (Post Office Protocol) 可讓郵件軟體在下載信件後，提供離線讀信的功能
(C) SMTP 協定 (Simple Mail Transfer Protocol) 可以協助使用者將伺服器上的信件取回
(D) IMAP 協定 (Internet Message Access Protocol) 可以協助使用者在下載信件標題後，自動將郵件伺服器上的信件全數刪除 [107 統測]

( ) 66. 在「IMAP、HTML、SMTP、FTP、POP3」中有幾項與內收郵件伺服器通訊協定有關？
(A) 4　(B) 3　(C) 2　(D) 1　　　　　　　　　　　　　　　[108 統測]

A

網路重要名詞整理

◆ **1000 Base T**

透過雙絞線電纜相連、以 1000 MB/秒 (Mbps) 的速度傳輸資料的區域網路的 Ethernet 標準。

◆ **10 Base 2**

透過最長不超過 200 公尺的細同軸電纜相連、以 10 MB/秒 (Mbps) 的速度傳輸資料的基頻區域網路的 Ethernet 及 IEEE 802.3 標準。透過 BNC 接頭與網路介面卡相連的電纜。

◆ **Active X**

不論使用何種語言建立元件，都能讓軟體元件在網路環境中與其他元件互動的一組技術。

◆ **Address Classes 位址類別**

網際網路位址分組。Class A 網路 (值 1 到 126) 是最大的，而每個網路上有一千六百多萬個主機。Class B 網路 (值 128 到 191) 的每個網路上可擁有多達 65,534 個主機，而 Class C 網路 (值 192 到 223) 的每個網路上可擁有多達 254 個主機。

◆ **Administrator 系統管理員**

若為 Windows XP Professional，則是指負責設定並管理網域控制站或區域電腦及其使用者及群組帳戶、指派密碼及使用權限，以及協助使用者解決網路問題的人員。

◆ **Apple Talk**

Apple Computer 的網路結構及網路通訊協定。

◆ **Application Programming Interface (Api) 應用程式設計介面 (Api)**

一組常式，可供應用程式用來要求及執行電腦的作業系統所執行的低階服務。這些常式通常用在維護工作上，例如管理檔案及顯示資訊。

◆ **Asymmetric Digital Subscriber Line (Adsl) 非對稱數位用戶迴路 (ADSL)**

一種使用現有電話線路的高頻寬數位傳輸技術，亦可在相同線路上傳輸語音。大部份流量是往下傳送給使用者，一般速度為 512 Kbps 到大約 10 Mbps。

◆ **Asynchronous Communication 非同步通訊**

一種資料傳輸形式，其資料是在不規則的間隔下，以每次一個字元的速度傳送和接收。因為資料在不規則的間隔下接收，因此必須使負責接收的數

據機知道字元的資料位元開始及結束的時間。此步驟可藉由啟動及停止位元的方法來完成。

◆ **Asynchronous Transfer Mode (Atm) 非同步轉移模式 (Atm)**
高速連線導向的通訊協定，用來傳送許多不同類型的網路流量。ATM 將資料封裝在 53 位元、固定長度的儲存格中，可以在網路上的邏輯連線之間快速地切換。

◆ **Authorization 授權**
決定使用者在電腦系統或網路上能夠執行什麼動作的程序。

◆ **Bandwidth 頻寬**
在類比通訊中，指定範圍內的最高與最低頻率之間的差額。例如，類比電話線路有 3,000 赫茲 (Hz) 的頻寬，也就是它所能負載的最低 (300 Hz) 與最高 (3,300 Hz) 頻率之間的差額。在數位通訊中，頻寬是以每秒位元數 (bps) 來表示。

◆ **Baud Rate 傳輸速率**
數據機通訊的速度。傳輸速率是指線路狀態變更的次數。只有當每個信號相對應於傳送資料的位元時，才等於每秒的位元數。

數據機必須在相同的傳輸速率下操作以彼此通訊。如果一個數據機的傳輸速率設定比另一個數據機高，通常速率較高的數據機會變更它的傳輸速率，以配合速率較低的數據機。

◆ **Bit (Binary Digit) 位元 (二進位數字)**
電腦處理的最小資訊單位。一個位元表示一個二進位數中的 0 或 1，或是真或偽的邏輯條件。一組 8 個位元就是一個位元組，可以表示許多資訊類型，如英文字母、小數位數或其他字元。位元也稱為二進位數字。

◆ **Bits Per Second (Bps) 每秒位元數 (Bps)**
每秒所傳輸的位元數，用來作為裝置 (如數據機) 傳送資料的速度測量單位。

◆ **Broadband 寬頻**
屬於或關於通訊系統，其傳輸媒體 (例如電線或光纖電纜) 一次裝載多個訊息，每個訊息可按照它自己的數據機載 波頻率來調節訊息。

◆ **Broadband Connection 寬頻連線**
一種高速連線。寬頻連線通常為每秒 256K (KBps)或更快。寬頻包括 DSL 及纜線數據機服務。

◆ **Broad cast 廣播**

目的地為特定網路區段上所有主機的一個位址。

◆ **Browser 瀏覽器**

以 HTML 解譯檔案的標記、將其格式化成網頁，並將其顯示給使用者看的軟體。有些瀏覽器也可以讓使用者傳送及接收電子郵件、閱讀新聞群組，以及播放 Web 文件內含的聲音檔或視訊檔。

◆ **Bytes 位元組**

資料單位，通常保存單一字元，例如字母、數字或標點符號。有些單一字元會佔用多個位元組。

◆ **Cable Modem 纜線數據機**

透過有線電視架構實現與網際網路的寬頻連線的裝置。存取速度差別很大，最大傳輸量為每秒 10 MB (Mbps)。

◆ **Callback Number 回撥號碼**

遠端存取伺服器用來回撥給使用者的號碼。此號碼可由系統管理員預先設定，或在撥號時由使用者指定，根據系統管理員如何設定使用者的回撥選項而定。回撥號碼應該是使用者的數據機所連接的電話線路號碼。

◆ **Callback Security 回撥安全性**

一種網路安全形式，其中遠端存取伺服器會在使用者完成初始連線並被驗證之後，以預設的號碼回撥給使用者。

◆ **Certificate 憑證**

在開放式網路上 (如網際網路、外部網路、內部網路等) 作為資訊驗證及安全交換的數位式文件。憑證可安全地將公開金鑰連結到擁有相對私密金鑰的實體。憑證是由核發憑證的主管單位以數位方式簽署，可以發給使用者、電腦或服務。最被廣泛接受的憑證格式是由 ITU-T X.509 版本 3 國際標準所定義的。

◆ **Class A IP Address 類別 A 的 IP 位址**

範圍從 1.0.0.1 到 126.255.255.254 的單一傳播 IP 位址。第一個八位元組代表網路，而後三個八位元組代表網路上的主機。

◆ **Class B IP Address 類別 B 的 IP 位址**

範圍從 128.0.0.1 到 191.255.255.254 的單一傳播 IP 位址。前兩個八位元組代表網路，而後兩個八位元組代表網路上的主機。

◆ **Class C IP Address 類別 C 的 IP 位址**

一個單點傳送 IP 位址，範圍從 192.0.0.1 到 223,255,255,254。前三個八位元組代表網路，而最後一個八位元組代表網路上的主機。[網路負載平衡] 為類別 C 的 IP 位址提供可選用的工作階段支援 (除了支援單一 IP 位址外)，以適應在用戶端使用多個 Proxy 伺服器的用戶。

◆ **Client 用戶端**

任何連接到其他電腦或程式、或是要求其他電腦或程式提供服務的電腦或程式。此外，用戶端也指能讓電腦或程式建立連線的軟體。

在區域網路 (LAN) 或網際網路中，使用其他電腦 (稱為伺服器) 提供的共用網路資源的電腦。

◆ **Client Application 用戶端應用程式**

可以顯示及存放連結或內嵌物件的 Windows 應用程式。若為分散式應用程式，則是模仿對於伺服器應用程式的要求的應用程式。

◆ **Client Request 用戶端要求**

從用戶端電腦對伺服器電腦的服務要求，或者對於 [網路負載平衡] 來說是用戶端電腦對電腦叢集的服務要求。[網路負載平衡] 可根據系統管理員的負載平衡原則，來轉送每個用戶端對叢集中的指定主機的要求。

◆ **Cluster 叢集**

在資料存放中，系統可以配置以保留檔案的最小磁碟空間總數。所有由 Windows 所使用的檔案系統，可組織以包括一或多個連續磁碟區之叢集為基礎的硬碟。叢集大小越小，磁碟存放資訊的效率越高。叢集也稱為配置單位。

在電腦網路中，獨立電腦群組會一起工作以提供一般服務集並且呈現單一系統影像給用戶端。使用叢集可增強服務的可用性，並提供服務的作業系統的延展性及管理性。

◆ **Codec 轉碼器**

可將音訊或視訊信號轉換成類比或數位形式的硬體 (編譯器 / 解譯器)；可壓縮或解壓縮音訊或視訊資料的硬體或軟體 (壓縮器 / 解壓縮器)；或是編譯器 / 解譯器及壓縮器 / 解壓縮器的結合。一般說來，轉碼器可壓縮沒有壓縮的數位資料，所以資料使用的記憶體較少。

◆ **Communication Port 通訊連接埠**

電腦上的連接埠,一次可進行一個位元組的同步通訊。通訊埠也稱為序列連接埠。

◆ **Compatibility Mode 相容性模式**

一種電腦或作業系統特性,容許電腦執行不同系統所撰寫的程式。相容性模式下執行的程式速度通常較慢。

◆ **Computer Administrator 電腦系統管理員**

負責管理電腦的使用者。電腦系統管理員能對電腦執行系統變更,包括安裝程式和存取電腦上的所有檔案,且可以建立、變更及刪除其他使用者的帳戶。

◆ **Connect 連線**

將磁碟機代號、連接埠或電腦名稱指派給共用資源,讓您可以使用它。

◆ **Data Communications Equipment (DCE) 資料通訊設備 (DCE)**

兩種由 RS-232-C 序列連線連接的硬體之一,另一個則是「資料終端機設備 (DTE)」裝置。DCE 是一種中間裝置,通常用來將 DTE 傳送來的輸入在傳送到收件者之前執行轉換。例如數據機就是一種 DCE,它會調整從微電腦 (DTE) 來的資料,然後從電話連線傳送出去。

◆ **Data Link Control (Dlc) 資料連結控制 (DLC)**

在網路上唯一識別節點的位址。每個網路介面卡有一個 DLC 位址或 DLC 識別元 (DLCI)。有些網路通訊協定 (如 Ethernet 及權杖環) 專用 DLC 位址。其他通訊協定 (如 TCP/IP) 在 OSI 網路階層使用邏輯位址以識別節點。

不過,所有網路位址最終必須轉譯為 DLC 位址。在 TCP/IP 網路中,是由 Address Resolution Protocol (ARP) 執行轉譯。

◆ **Data Packet 資料封包**

在網路上將資訊從一個裝置完整傳輸到另一個裝置的資訊單位。

◆ **Data Terminal Equipment (Dte) 資料終端機設備 (DTE)**

在 RS-232-C 硬體標準中,任何可以以數位形式透過電纜線或通訊線路傳送資訊的裝置,如遠端存取伺服器或用戶端。

◆ **Datagram 資料包**

一種透過分封式交換網路傳送的資訊封包或單位,包括相關遞送資訊,例如目的地位址。

◆ **Default Gateway 預設閘道**

TCP/IP 通訊協定的設定項目,亦即可直接連線 IP 路由器的 IP 位址。設定預設閘道會在 IP 路由表中建立預設路由。

◆ **Default Host 預設主機**

drainstop 指令不在最高主機優先順序的主機進度內。在交集之後,預設主機控制連接埠規則不涵蓋的 TCP 及 UDP 連接埠所有的網路流量。

◆ **Denial-Of-Service Attack 阻斷服務攻擊**

一種攻擊,入侵者利用網路服務的缺點或設計上的限制來使服務超載或停止,使該服務無法使用。此攻擊類型通常用來讓其他使用者無法使用網路服務,例如網頁伺服器或檔案伺服器。

◆ **DHCP Server DHCP 伺服器**

為已啟用 DHCP 的用戶端提供 IP 位址動態設定以及相關資訊的執行 Microsoft DHCP 服務的電腦。

◆ **字典攻擊法**

一種猜測使用者密碼或 PIN 的方法,會嘗試字典中的每一個字直到成功。

◆ **Digital Signature 數位簽章**

讓訊息、檔案或其他數位編碼資訊的建立者將其身份識別連結到資訊的一種方法。數位簽署資訊的程序會將資訊與一些送件者所持有的秘密資訊,轉型為一個稱為簽章的標記。數位簽章用在公開金鑰環境中,並提供非拒絕及整合服務。

◆ **Digital Subscriber Line 數位用戶迴路 (DSL)**

使用標準電話線路的一種高速網際網路連線。這也是一種寬頻連線。

◆ **Direct Cable Connection 直接電纜線連線**

以單一電纜線而非數據機或其他介面裝置,在兩台電腦的 I/O 埠之間所建立的連線。在大多數情況下,直接電纜線連線是以 Null 數據機電纜線來建立的。

◆ **Disable 停用**

使裝置無法運作。例如,如果您停用硬體設定中的裝置,則當您的電腦正在使用此硬體設定時,您就無法使用這個裝置。停用裝置,即可釋放配置到此裝置的資源。

◆ **Domain 網域**

屬於網路的一部份且共用公用目錄資料庫的電腦群組。網域是以通用的規則及程序來管理的單位。每個網域的名稱是唯一的。

◆ **Domain Name 網域名稱**

由系統管理員提供給一群共用一個目錄的網路電腦集合的名稱。「網域名稱系統 (DNS)」命名結構的一部份,網域名稱包含一連串以句點分隔的名稱標籤。

◆ **Domain Name System 網域名稱系統 (DNS)**

一個階層式、分散式資料庫,包含 DNS 網域名稱與各種資料類型的對映,例如 IP 位址。DNS 可依照使用者熟悉的名稱來尋找電腦及服務,亦可搜索資料庫中儲存的其他資訊。

◆ **Duplex 雙工**

一次能以兩個方向透過通訊通道傳輸資訊的系統。

◆ **Dword**

由十六進位的資料及最大 4 位元組配置空間所組成的資料類型。

◆ **Dynamic Host Configuration Protocol (DHCP)**

一種 TCP/IP 服務通訊協定。可提供主機 IP 地址的動態租用設定,並將其他設定參數散佈給合格的網路用戶端。DHCP 提供安全、可靠及簡單的 TCP/IP 網路設定、避免位址衝突,並有助於保護網路上用戶端 IP 位址的使用。

DHCP 使用主從模式,其中 DHCP 伺服器會集中管理網路上所使用的 IP 位址。支援 DHCP 的用戶端即可從 DHCP 伺服器要求並取得租用的 IP 位址,作為其網路開機程序的一部份。

◆ **Enable 啟用**

使裝置能運作。例如,如果您啟用硬體設定中某個裝置,則當電腦使用該硬體設定時,您可以使用該裝置。

◆ **Ethernet**

Ethernet 使用匯流排或星狀拓樸,以及依賴稱為「載波監聽多址存取 (CSMA/DC)」的存取形式來管理通訊連線流量。網路節點透過同軸電纜、光纖電纜或雙絞線連結。以包含遞送和控制資訊且高達 1500 位元組資料的變數長度框架,來傳輸資料。

◆ **Event 事件**

在系統或應用程式中發生，且需要告知使用者或加入記錄檔成為項目的重要事件。

◆ **Extensible Markup Language (Xml) 可擴充標記語言 (XML)**

Meta 標示語言提供說明結構資料的格式。這會使內容的聲明更加精確，以及透過多個平台的搜尋結果更有意義。此外，XML 可啟用新一代的 Web 型資料檢視及操作應用程式。

◆ **External Network Number 外部網路編號**

用來定址及路由的一個 4 位元組的十六進位數字。外部網路編號與實體網路卡及網路相關。若要互相通信，相同網路上使用某個特殊框架類型的所有電腦，都必須有相同的外部網路編號。所有外部網路編號都必須是 IPX 網際網路中唯一的編號。

◆ **File Transfer Protocol (FTP)**

隸屬於 TCP/IP 通訊協定組成員，在網際網路上用來在兩台電腦間複製檔案。兩台電腦都必須支援其個別的角色：其中一台為 FTP 用戶端，另一台則為 FTP 伺服器。

◆ **Firewall 防火牆**

提供安全系統的軟硬體結合，通常用來防止內部網路以外或內部網路的未授權存取。防火牆可透過網路外部 Proxy 伺服器的路由通訊，以防止網路與外部電腦之間的直接通訊。Proxy 伺服器可判定透過網路發送檔案是否安全。防火牆也稱為安全邊緣閘道。

◆ **Full-Duplex 全雙工**

能同時以兩個方向透過通訊通道傳輸資訊的系統。

◆ **Handshaking 信號交換**

告知使用者可以在電腦或其他裝置之間進行通訊的一系列信號。硬體交換表示透過特定電纜 (除資料電纜之外) 所進行的訊號交換，而這些訊號會顯示每個裝置已處於傳送或接收資訊的備妥狀態。軟體交換含有透過與傳送資料相同的線纜來傳輸的信號，就像透過電話線傳輸的數據機對數據機通信模式一樣。

◆ **Hash 雜湊**

將單向數學函數 (有時稱為雜湊演算法) 套用到任意大小的資料上，以獲得大小固定的結果。如果輸入資料中有變更，雜湊也會跟著變更。雜湊可用於許多作業中，包括驗證和數位簽章。雜湊也稱為訊息摘要。

◆ **Host 主機**

執行網路或遠端用戶端使用的伺服器程式或服務的 Windows 電腦。若為 [網路負載平衡]，則是由透過區域網路連線 (LAN) 的多重主機所組成的叢集。

◆ **Host Name 主機名稱**

網路上裝置的 DNS 名稱。這些名稱是用來定位網路上的電腦。若要尋找其他電腦，則它的主機名稱必須出現在 Hosts 檔案中，或已為 DNS 伺服器所知。對於大部份 Windows 電腦來說，主機名稱及電腦名稱是相同的。

◆ **Hub 集線器**

供網路裝置使用的公用連線點。集線器通常用在連接區域網路 (LAN) 的區段，因此含有數個連接埠。當資料到達連接埠時，它會被複製到其他連接埠，使所有 LAN 的區段都可以看到資料。

◆ **Hyperlink 超連結**

有彩色及底線的文字或圖形，按一下就可以連結到某個檔案、檔案中的某個位置、全球資訊網上的 HTML 網頁或內部網路上的 HTML 網頁。超連結也可以到新聞群組以及 Gopher、Telnet 和 FTP 網站。

在 Windows 資料夾中，超連結是資料夾左窗格中顯示的文字連結。您可按一下這些連結以執行工作，例如移動或複製檔案，或跳至電腦中的其他位置，例如 [我的文件] 資料夾或 [控制台]。

◆ **Hypertext Markup Language 超文字標記語言 (HTML)**

一種簡單的標記語言，用來建立可跨平台的超文字文件。HTML 檔案是簡單的 ASCII 文字檔案，但是帶有內嵌碼 (由標示標記表示) 來指示格式化及超文字的連結。

◆ **Hypertext Transfer Protocol (Http)**

在全球資訊網上用來轉送資訊的通訊協定。HTTP 位址 (一種「通用資源定址器」[URL]) 的格式為：http://www.microsoft.com。

◆ **Icon 圖示**

螢幕上顯示的小影像，代表可由使用者操作的物件。圖示可作為視覺上的助記符號，可讓使用者控制特定的電腦動作，而不必記住指令或在鍵盤上鍵入。

◆ **Ieee 1394**

一種高速序列裝置的標準，如數位視訊及數位音訊編輯設備等。

◆ **Infrared (IR) 紅外線 (IR)**

在色彩光譜中超過紅光的光線。這種光線是肉眼所看不到的，但是紅外線發送器和接收器可傳送及接收紅外線信號。

◆ **Infrared Data Association (Irda)**

建立電腦及週邊設備 (如印表機) 之間紅外線通訊標準的電腦、元件及通訊廠商所成立的工業組織。

◆ **Infrared Device 紅外線裝置**

可以使用紅外線通訊的電腦或電腦週邊設備，如印表機。

◆ **Infrared File Transfer 紅外線檔案傳輸**

使用紅外線在兩台電腦之間進行無線檔案傳送。

◆ **Infrared Network Connection 紅外線網路連線**

使用紅外線連接埠連到遠端存取伺服器的直接或連入網路連線。

◆ **Integrated Services Digital Network 整合服務數位網路 (ISDN)**

用來提供高頻寬的數位電話線。ISDN 在北美基本上有兩種形式：「基本速率介面 (BRI)」包含兩條 64 Kbps 的 B 通道及一條 16 Kbps 的 D 通道；而「主要速率介面 (PRI)」包含 23 條 64 Kbps 的 B 通道及一條 64 Kbps 的 D 通道。ISDN 線路必須由電話公司安裝在撥號站台及受話站台

◆ **Interactive Logon 互動式登入**

當使用者在由電腦的作業系統所顯示的 [登入資訊] 對話方塊中鍵入資訊時，由電腦鍵盤登入網路的方式。

◆ **Internal Network Number 內部網路編號**

用來定址及路由的一個 4 位元組的十六進位數字。內部網路編號可識別電腦內的虛擬網路。內部網路編號必須是 IPX 網際網路中唯一的編號。內部網路編號也稱為虛擬網路編號。

◆ **Internet 網際網路**

internet (網際網路)。透過路由器連接的二或多個網路區段。交互網路的另一種說法。

Internet (網際網路)。電腦的全球性網路。如果能夠存取網際網路，就能取得十分豐富的資訊，包括來自學校、政府部門、商務機構以及個人的各式各樣資訊。

◆ **Internet Address 網際網路位址**

網站上的資源位址，可供網頁瀏覽器用來尋找網際網路資源。網際網路網址通常由通訊協定名稱起頭，後面接著維護此站台的組織名稱；尾碼可以識別它的組織類型。例如，位址 http://www.yale.edu/ 可提供下列資訊：

- http：這個網頁伺服器使用 Hypertext Transfer Protocol。
- www：這個網站位於全球資訊網上。
- edu：這是教育機構。

網際網路位址也稱為「通用資源定址器 (URL)」。

◆ **Internet Information Services (IIS)**

支援網站建立、設定、管理及其他網際網路功能的軟體服務。Internet Information Services 包含 Network News Transfer Protocol (NNTP)、File Transfer Protocol (FTP) 及 Simple Mail Transfer Protocol (SMTP)。

◆ **Internet Protocol (IP)**

TCP/IP 通訊協定組中一個可遞送的通訊協定，負責 IP 定址、路由，以及 IP 封包的分割和重組。

◆ **Internet Service Provider 網際網路服務提供者 (ISP)**

提供個人或公司存取網際網路及全球資訊網的公司。ISP 提供電話號碼、使用者名稱、密碼，以及其他連線資訊，讓使用者將電腦連接到 ISP 的電腦。ISP 通常會按月或小時來收取連線費用。

◆ **Intranet 內部網路**

一個組織內的網路，使用網際網路技術及通訊協定，但只供特定人員使用，例如公司的員工。內部網路也稱為私人網路。

◆ **IP Address IP 位址**

用來識別 IP 網際網路上節點的一個 32 位元位址。IP 網路上的每個節點都必須擁有唯一的 IP 位址，由網路 ID 及唯一的主機 ID 組成。此位址通常

以句點區隔的 8 位元組的十進位值來表示 (例如，192.168.7.27)。在此版 Windows 中，您可以透過 DHCP 靜態或動態地設定 IP 位址。

◆ **Ipx/Spx**

用於 Novell NetWare 網路中的傳輸通訊協定，整個對應到 TCP/IP 通訊協定套件中 TCP 及 IP 的結合。Windows 會透過 NWLink 來執行 IPX。

◆ **ISDN (Integrated Services Digital Network) Isdn (整合服務數位網路)**

一種高速的數位電話服務，可顯著提高使用者連接網際網路或公司區域網路的速度。ISDN 的連線速度可達 128 Kbps，比類比數據機快五倍甚至更多

◆ **Load Balancing 負載平衡**

Windows Clustering 所使用的一種技術，藉由分散用戶端要求給叢集內的多個伺服器來延展伺服器程式 (如 Web 伺服器) 的效能。每台主機可以指定它將處理的負載百分比、或將負載平均分配給所有主機。如果一台主機失效，Windows Clustering 會動態地在剩下的主機之間重新分散負載。

◆ **Local Area Network 區域網路 (LAN)**

將一個相當有限的區域 (例如大樓) 中的電腦、印表機及其他裝置連接起來的通訊網路。LAN 可讓任何連接的裝置與網路上的任何其他裝置互動。

◆ **Local Computer 本機電腦**

目前您登入為使用者的電腦。較普遍的說法是，本機電腦是您能直接使用而不需要通訊線路或通訊裝置 (如網路配接卡或數據機) 來存取的電腦。

◆ **Local User 本機使用者**

指使用未連接網路之電腦的使用者。本機使用者最有可能是家用電腦的使用者。

◆ **Local User Profile 本機使用者設定檔**

使用者第一次登入工作站或伺服器電腦時，自動在電腦上建立的授權使用者的相關電腦記錄。

◆ **Log File 記錄檔**

存放由應用程式、服務或作業系統所產生訊息的檔案。這些訊息可以用來追蹤已執行的作業。例如，網站伺服器會保留每項對伺服器要求的記錄檔清單。記錄檔通常是純文字 (ASCII) 檔案，而其副檔名多為 .log。

◆ **Log On 登入**

提供在網路中識別使用者的使用者名稱及密碼，來開始使用網路。

◆ **Logon Script 登入指令檔**

可以指派給使用者帳戶的檔案。登入指令檔基本上是批次檔，在每次使用者登入時會自動執行。它可以在每次登入時設定使用者的工作環境，並可讓系統管理員不用管理使用者環境的所有項目，而影響使用者的環境。登入指令檔可以指派給一或多個使用者帳戶。

◆ **Loopback Address 回送位址**

用於將連出封包遞回來源電腦的本機電腦位址。此位址主要用於測試。

◆ **Map 對應**

將一個值轉換成另一個值。在虛擬記憶體系統中，電腦會將虛擬位址對應到實體位址。

◆ **Microsoft Management Console (MMC)**

主控台可能包含工具、資料夾或其他容器、全球資訊網網頁，及其他系統管理項目。這些項目會顯示在主控台的左窗格，稱為主控台樹狀目錄。主控台有一些視窗，可以提供主控台樹狀目錄的檢視。

◆ **Modem (Modulator/Demodulator) 數據機 (調變器/解調器)**

允許電腦資訊透過電話線傳送和接收的裝置。傳輸數據機會將數位電腦資料轉換成可以由電話線傳送的類比信號。接收端數據機，則會將類比訊號轉換回數位形式。

◆ **Mount 掛接**

將卸除式磁帶或光碟放入磁碟機。

◆ **Multicast 多點傳送**

指定一組屬於多點傳送群組之主機的網路流量。

◆ **Multicasting 多點傳送**

同時向網路上多個目的地傳送訊息的程序。

◆ **Name Resolution 名稱解析**

讓軟體在方便使用者使用的名稱及數字的 IP 位址間作轉換的程序，對使用者來說很困難，但對於 TCP/IP 通訊來說是必須的。

◆ **Netbios Extended User Interface (Netbeui) Netbios 延伸使用者介面 (NetBEUI)**

Microsoft Networking 原生的網路通訊協定。它通常用於含有 1 到 200 個用戶端之部門規模的小型區域網路 (LAN)。它是 Microsoft 對 NetBIOS 標準的配置。

◆ **Network 網路**

一群電腦及其他裝置 (例如印表機及掃描器) 以一條通訊連結連接，可讓所有裝置互相通訊。網路規模可大可小，經由電纜或電線永久連接、或經由電話線或無線傳輸暫時連接。規模最大的網路是網際網路，它是一種全球性的網路群組。

◆ **Network Adapter 網路介面卡**

將電腦連接到網路的裝置。此裝置有時稱為介面卡或網路卡。

◆ **Network Administrator 網路系統管理員**

負責計劃、設定及管理日常網路操作的人員。網路系統管理員也稱為系統管理員。

◆ **Network Basic Input/Output System (NetBIOS) 網路基本輸入/輸出系統 (NetBIOS)**

程式可以在區域網路 (LAN) 上使用的應用程式程式介面 (API)。NetBIOS 為所有程式提供一組一致的指令，用於要求需要管理名稱的低等服務、進行工作階段、以及在網路上的節點間傳送資料包。

◆ **網路連線**

無論您實際上位於網路位置或遠端位置上，可供您取得網路資源及功能性存取權的一個元件。您可以透過 [網路連線] 資料夾來建立、設定、儲存及監視連線。

◆ **Network Media 網路媒體**

針對傳送或接收封包而使用的實體絞線及低層通訊協定類型，例如 Ethernet、FDDI 及 Token Ring。

◆ **Network News Transfer Protocol (NNTP)**

隸屬於 TCP/IP 通訊協定組成員，用來在網際網路上發佈網路新聞訊息給 NNTP 伺服器及用戶端 (新聞閱讀程式)。NNTP 的設計目的在於將新聞文章存放在伺服器的中央資料庫上，如此可讓使用者選擇特定的項目來閱讀。

◆ **NTFS File System NTFS 檔案系統**

一種進階檔案系統，提供任何 FAT 版本都沒有的效能、安全性、可靠性、以及進階特性。在 Windows 2000 及 Windows XP 中，NTFS 也會提供進階特性，例如檔案及資料夾權限、加密、磁碟配額以及壓縮。

◆ **Off line 離線**

將叢集中的元件標記為無法使用的狀態。離線狀態的節點，不是非使用中就是未執行。資源及群組也有離線狀態。

◆ **On line 線上**

將叢集中的元件標記為可用的狀態。當節點在線上時，它就是叢集的使用中成員，可以擁有及執行群組，並接受叢集資料庫更新、選擇特選演算法、以及保持運作。資源及群組也有線上狀態。

◆ **Open Systems Interconnection (OSI) Reference Model 開放式系統交互連線模型 (OSI)**

「國際標準組織 (ISO)」所採用的一種網路模型，用來提升多重廠商的協同運作能力。Open Systems Interconnection (OSI) 是一種七個階層的概念模型，由應用程式層、呈現層、工作階段層、傳輸層、網路層、資料連結層以及實體層所共同組成。

◆ **Packet 封包**

一種 Open Systems Interconnection (OSI) 網路層傳輸單位，由二進位資訊組成，代表資料及內含識別碼、來源及目的地位址、以及錯誤控制資料之標頭。

◆ **packet header 封包標頭**

在網路通訊協定通訊中特別保留且定義為一個位元長度的欄位，貼附到用來傳送及轉送控制資料的封包之前。

◆ **Packet Switching 封包切換**

一項將資料分隔到封包中再透過網路傳送封包的技術。每個封包都有一個標題，此標題包含它的來源及目的地、重新組合資訊的順序數字、資料內容區塊及錯誤核取碼。資料封包可以使用到它們目的地的不同路由，此目的地在封包到達之後可重組原始資訊。封包切換網路的國際標準是 X.25。

◆ **Parity 同位檢查**

一個計算後的值，可以在失敗之後用來重建資料。RAID-5 磁碟區將資料及同位檢查以斷續方式等量地分配在一組磁碟上。當磁碟失敗時，有些伺服器作業系統會使用同位檢查資訊及正常磁碟上的資料來重新建立失敗磁碟上的資料。

◆ **Parity Bit 同位檢查位元**

在非同步通訊中，用來檢查兩個電腦系統本身及之間所傳輸的資料位元群組中，是否有錯誤的額外位元。在數據機對數據機的通訊中，系統通常會使用同位檢查位元以檢查每個傳輸字元的正確性。

◆ **Password 密碼**

用來限制使用者帳戶的登入名稱，以及存取電腦及資源的權限的安全措施。密碼是一串字元，必須在登入名稱或授權存取之前提供。密碼可以由字母、數字及符號組成，並且區分大小寫。

◆ **Pending 擱置**

當資源被帶上線或離線時，參照到叢集中資源的狀態。

◆ **Peripheral 週邊設備**

連結至電腦且由電腦之微處理器所控制的裝置，例如：磁碟機、印表機、數據機或搖桿。

◆ **Permission 使用權限**

用來規定哪個使用者可以存取物件，以及以什麼方式存取的物件相關規則。使用權限由物件擁有者所授與或拒絕。

◆ **Ping**

一種公用程式，可以驗證一或多個遠端主機連線。Ping 對診斷 IP 網路或路由器失敗非常有用。

◆ **Plug And Play 隨插即用**

一套由 Intel 發展的規格，可讓電腦自動偵測及設定裝置，並且安裝適當的裝置驅動程式。

◆ **Point-To-Point Protocol (PPP)**

一套工業標準的通訊協定組件，以點對點連結來傳送多重通訊協定資料包。PPP 記載於 RFC 1661。

◆ **Point-To-Point Protocol Over Ethernet (PPPOE)**

透過單一 DSL 線路、無線裝置或纜線數據機等寬頻連線,將 Ethernet 的使用者連接到網際網路的一種規格。PPPoE 可提供一種有效率的方式,為每位使用者建立不同連線以連接遠端伺服器。

◆ **Point-To-Point Tunneling Protocol (PPTP)**

支援多重通訊協定虛擬私人網路 (VPN) 的網路技術,可讓遠端使用者透過網際網路或其他網路,以撥接到網際網路服務提供者 (ISP) 或直接連接到網際網路的方式,安全地存取公司網路。Point-to-Point Tunneling Protocol (PPTP) 會打通或壓縮 IP 封包內部的 IP、IPX 或 NetBEUI 流量。這表示使用者可以由遠端執行依存特殊網路通訊協定的應用程式。

◆ **Policy 原則**

由系統管理員所定義,可自動設定桌面設定的工具。根據內容,它可以參照 [群組原則]、Windows NT 4.0 [系統原則]、或 [群組原則] 物件中的特殊設定。

◆ **Pop3 (Post Office Protocol 3)**

用於接收電子郵件的一般通訊協定。這個通訊協定通常是 ISP 使用。POP3 伺服器允許使用者存取單一 [收件匣],而 IMAP 伺服器提供使用者存取多重伺服器端資料夾。

◆ **Port 連接埠**

通常是電腦上的連接點,可用來連接讓資料進出電腦的裝置。例如,印表機基本上會連接到平行連接埠 (也稱為 LPT 連接埠),而數據機基本上會連接到序列連接埠 (也稱為 COM 連接埠)。

◆ **Portable Operating System Interface For UNIX (POSIX)**

一種 Institute of Electrical and Electronics Engineers (IEEE) 標準,定義了一套與作業系統相關的服務。符合 POSIX 標準的程式可以輕易地從一台系統連接到其他系統。

◆ **Private Key 私密金鑰**

與公開金鑰演算法搭配使用的密碼編譯識別碼配對秘密的那一半。私密金鑰通常是用來將對稱工作階段識別碼、數位式簽署資料及使用相對公開金鑰加密的加密資料解密。

◆ **Private Network 私人網路**

只支援節點到節點通訊的叢集網路。

◆ **Privilege 特殊權限**

使用者執行一項特定工作的權利，通常會影響整個電腦系統，而非僅影響一個特定物件。特殊權限由系統管理員指派給個別的使用者或使用者群組，作為電腦安全性設定的一部份。

◆ **Protocol 通訊協定**

一組透過網路傳送資訊的規則及慣例。這些規則會控制在網路裝置之間交換訊息的內容、格式、時間、順序及錯誤控制。

◆ **Public Key 公開金鑰**

與公開金鑰演算法搭配使用的密碼編譯識別碼配對非秘密的那一半。公開金鑰通常是在為工作階段識別碼加密、驗證數位簽章，或為可以使用相對私密金鑰加密的資料加密時使用。

◆ **Public Key Cryptography 公開金鑰密碼編譯**

使用兩種不同金鑰的密碼編譯方法：公開金鑰用於加密資料，私密金鑰用於解密資料。公開金鑰密碼編譯也稱為非對稱密碼編譯。

◆ **Public Key Cryptography Standards 公開金鑰密碼編譯標準 (PKCS)**

公開金鑰密碼編譯標準的系列包含 RSA 加密、Diffie-Hellman 識別碼協議、密碼型加密、延伸語法、密碼編譯訊息語法、私密金鑰資訊語法及憑證要求語法，還有已選取的屬性。由 RSA Data Security, Inc 開發、擁有及維護。

◆ **Public Key Encryption 公開金鑰加密**

使用數學上相關的兩種加密識別碼來加密的方法。一個稱為私密金鑰，需要保持機密。另一個稱為公開金鑰，可以自由給予所有潛在的相關者。在典型的分析藍本中，送件者使用接收者的公開金鑰來為訊息加密。只有接收者有相關的私密金鑰才可以解密訊息。公開金鑰加密也稱為非對稱加密。

◆ **Public Key Infrastructure (PKI) 公開金鑰基礎架構 (PKI)**

一般用來描述管理或操作憑證及公用與私密金鑰的法律、原則、標準及軟體的詞彙。實際上，它是數位憑證、憑證授權以及其他驗證每個涉及電子異動的群體有效日期的註冊授權系統。

◆ **Public Network 公用網路**

支援用戶端到用戶端通訊的叢集網路 (無論其是否支援節點到節點的通訊)。

◆ **Public Switched Telephone Network (Pstn) 公用交換電話網路 (PSTN)**

全世界通用的標準類比電話線路。

◆ **Pulse Dialing 轉盤式撥號**

藉由脈衝頻率來輸入電話號碼的撥號方式。使用者通常會在撥號時聽見一連串喀嗒聲。舊式的轉盤式電話使用轉盤式撥號。

◆ **Remote Access 遠端存取**

整合 [Routing and Remote Access] 服務的一部份，可提供遠端網路作業，讓電訊通訊者、移動工作者以及在許多分公司中監視及管理伺服器的系統管理員使用。

◆ **Remote Access Server 遠端存取伺服器**

執行 [Routing and Remote Access] 服務並設定以提供遠端存取的 Windows 電腦。

◆ **Remote Administration 遠端管理**

由位於經由網路連接到第一台電腦的另一台電腦上工作的系統管理員，對第一台電腦所執行的管理。

◆ **Remote Computer 遠端電腦**

只能透過通訊線路或通訊裝置 (如網路卡或數據機) 存取的電腦。

◆ **Remote Procedure Call 遠端程序呼叫 (RPC)**

一種訊息傳遞的設備，可讓分散式應用程式呼叫網路上各個電腦所提供的服務。在遠端管理電腦時使用。

◆ **Response 回應**

在 Windows 遠端存取中，預計會從裝置產生的字串，其中可含有巨集。

◆ **Response Message 回應訊息**

若為 [訊息佇列處理]，則是由接收的應用程式傳給由傳送的應用程式所指定之回應佇列的訊息。任何可用的佇列都可被指定為回應佇列。

◆ **Response Queue 回應佇列**

若為 [訊息佇列處理]，則是一種由傳送的應用程式所建立並由接收的應用程式套用到訊息的佇列。例如，應用程式接收訊息時，會將回應訊息傳送給回應佇列。

◆ **Reverse Lookup 反向對應**

在 DNS 中，搜尋主機電腦 IP 位址來尋找其好記的 DNS 網域名稱的查詢程序。在 [DNS 管理員] 中，反向對應區域是以 in-addr.arpa 網域名稱和基本保留指標 (PTR) 資源記錄為基礎。

◆ **Roaming User Profile 漫遊使用者設定檔**

在使用者登入時下載到本機電腦、並在使用者登出時在本機電腦及伺服器更新的伺服器式使用者設定檔。當您登入任何執行工作站或伺服器的電腦時，就可以從伺服器取得漫遊的使用者設定檔。登入時，如果本機使用者設定檔比伺服器上的版本還新，則使用者可以使用前者。

◆ **Router 路由器**

在 Windows 環境中協助 LAN 及 WAN 達到可共用性及連線能力的硬體，並可連結具有不同網路拓樸 (如 Ethernet 及 Token Ring) 的區域網路。路由器會將封包標頭對應到 LAN 區段，並且為封包選取最佳傳送路徑，以達到網路效能最佳化。

◆ **Routing 路由**

透過網路，將封包從來源主機轉遞到目標主機的過程。

◆ **Rsa**

廣泛使用的公開/私密金鑰演算法。它是 Microsoft Windows 預設的密碼編譯服務提供者 (CSP)。RSA Data Security 公司在 1977 年申請它的專利。

◆ **Script 指令檔**

一種程式類型，由應用程式或工具程式的一組指令所組成。在 Windows 環境下，「批次程式」與「指令檔」這兩個術語經常交換使用。

◆ **Secure Sockets Layer 安全通訊端層 (SSL)**

一個提議的開放標準，目的是建立安全的通訊管道，以防止重要資訊 (如信用卡號碼) 遭到攔截。它主要是為了在全球資訊網獲得安全的電子金融交易，但在設計上亦可運用在其他網際網路服務上。

◆ **Security Principal 安全性原則**

帳戶持有者，會自動指派安全性識別元用來存取資源。安全性原則可以是使用者、群組、服務或電腦。

◆ **Serial Line Internet Protocol (SLIP)**

一種早期的工業標準，屬於 Windows 遠端存取的一部份，可確定與其他遠端存取軟體的可共用性。

◆ **Serial Port 序列埠**

可一次一個位元來非同步傳輸資料字元的電腦介面。也稱為通訊埠或 COM 連接埠。

◆ **Server 伺服器**

通常是將共用資源提供給網路使用者的電腦。

◆ **Service 服務**

特別在低階 (靠近硬體) 執行特定系統功能以支援其他程式的程式、常式或程序。

◆ **Session 工作階段**

在兩個主機之間所建立的邏輯連線，以交換資料。基本上，工作階段會使用順序以及確認通知以便可靠地傳送資料。

◆ **Set-By-Caller Callback 撥話者設定的回撥**

在 [網路連線] 中的回撥表單，含有使用者提供給遠端存取伺服器讓它用來回撥的電話號碼。此種設定可以節省使用者的長途電話費用。

◆ **Share 共用**

分享資源讓其他使用者共用，如資料夾及印表機。

◆ **Shared Folder 共用資料夾**

在另一台電腦上開放給網路上其他電腦存取的資料夾。

◆ **Simple Mail Transfer Protocol (SMTP)**

TCP/IP 通訊協定套裝中的成員，可用來管理訊息傳輸代理程式之間的電子郵件交換。

◆ **Simple Network Management Protocol (SNMP)**

用來管理 TCP/IP 網路的網路通訊協定。在 Windows 中，SNMP 服務是用來提供有關 TCP/IP 網路上某個主機的狀態資訊。

◆ **Simple Network Time Protocol (SNTP)**

透過網際網路用來同步處理時鐘的通訊協定。SNTP 可讓用戶端電腦的時鐘與網際網路的伺服器時鐘同步。

◆ **Site 站台**

一或多個連線良好的 (可靠性高且快速) TCP/IP 子網路。

◆ **Socket 通訊端**

代表網路上特定節點之特定服務的識別元。Socket 由識別服務的節點位址及連接埠編號組成。例如，網際網路節點上的連接埠 80 代表網頁伺服器。通訊端有兩種：資料流 (雙向) 及資料包。

◆ **Subnet 子網路**

IP 網路的子分割。每個子網路都有自己的唯一子網路 ID。

◆ **Subnet Mask 子網路遮罩**

一個 32 個位元的值，讓 IP 封包的收件者可由此區分 IP 位址的網路 ID 及主機 ID 部份。子網路遮罩的典型格式為 255.x.x.x。

◆ **Switching Hub 交換式集線器**

一種中央網路裝置 (多連接埠集線器)，可將封包轉送到指定連接埠，而不是像在常設集線器中一樣，向每個連接埠廣播每個封包。

◆ **Symmetric Encryption 對稱加密**

需要使用相同的秘密金鑰作為加密及解密的加密算法。因為速度的原因，對稱加密通常是在訊息送件者需要為大量資料加密時才使用。對稱加密也稱為秘密金鑰加密。

◆ **Synchronize 同步處理**

消除一台電腦上儲存的檔案與另一台電腦上相同檔案的版本之間的差異。一旦判斷出差異，就會更新兩組檔案。

◆ **Tcp**

Transmission Control Protocol。

◆ **Telnet**

在網際網路上廣泛用來登入網路電腦的一種終端機模擬通訊協定。Telnet 亦指使用 Telnet 通訊協定的應用程式，供從遠端位置登入的使用者使用。

◆ **Terminal 終端機**

由顯示螢幕和鍵盤所組成的一種裝置，用來與電腦通訊。

◆ **Time Slice 時間片斷**

在時間共用的多重工作環境中，當系統將微處理器的控制指派給特定工作時的短暫時間。

◆ **Token 權杖**

在已剖析資料中任何不可縮減的文字元素。例如,使用於程式變數名稱中的保留字或運算子。將權杖儲存為簡短字碼可縮短程式檔長度並加快執行速度。

以網路而言,指唯一的結構資料物件或訊息,它會在權杖環節點之間循環的運行,及說明網路目前的狀態。任何節點在網路上傳送訊息之前,必須先等待控制權杖。

◆ **Topology 拓樸**

在 Windows 中,一組網路元件之間的相互關係。在 Active Directory 複寫內容中,拓樸指的是網域控制站在其內部之間複寫資訊所使用的連線組。

◆ **Transmission Control Protocol/Internet Protocol (Tcp/Ip)**

一組在網際網路上廣泛使用的網路通訊協定,它能夠透過由具備各種硬體結構及各式作業系統之電腦所組成且相互連結的網路提供通訊。TCP/IP 包含電腦如何通訊及連接網路和路由流量慣例的標準。

◆ **Tunnel 通道**

會壓縮資料的邏輯連線。它通常會執行壓縮及加密,而且此通道是屬於遠端使用者或主機及私人網路之間的安全私人連結。

◆ **UDP Socket UDP 通訊端**

透過 User Datagram Protocol (UDP) 來傳輸資料包的通訊端。

◆ **UNC (Universal Naming Convention) name UNC (通用命名慣例) 名稱**

網路上的資源完整名稱。符合 \\servername\sharename 語法,其中 servername 就是伺服器名稱,而 sharename 就是共用資源名稱。運用下列語法,目錄或檔案的 UNC 名稱在共用名稱之下也可以包含目錄路徑:
\\servername\sharename\directory\filename

◆ **Unicast 單點傳送**

在資料通訊網路中,將資料從一台終端機傳送至另一台終端機,例如從用戶端到伺服器,或是從伺服器到用戶端。

◆ **Unicode**

由 Unicode Consortium 發展的一種字元編碼標準,可代表世界上絕大部份的書寫語言。Unicode 字元項目有多種表現形式,包括 UTF-8、UTF-16 及 UTF-32。

◆ **Uniform Resource Locator 通用資源定址器 (URL)**

獨一無二地識別網際網路上某一個位置的位址。全球資訊網站台的 URL 開頭是 http://，例如這個虛構的 URL：http://www.example.microsoft.com/。

◆ **UNIX**

一個功能強大、多使用者、多工的作業系統，最初由 AT&T Bell Laboratories 在 1969 年所開發。UNIX 被視為比其他作業系統更具攜帶性，因為它是以 C 語言撰寫而成的。

◆ **USB Port USB 連接埠**

電腦上的一個介面，可讓您連接到「通用序列匯流排 (USB)」裝置。USB 是一種外部匯流排標準，資料轉送速率可達 12 Mbps (每秒一千二百萬位元)。

◆ **User 使用者**

使用電腦的人員。如果電腦連接到網路，則使用者不但可存取電腦上的程式及檔案，還可存取網路上的程式及檔案。

◆ **User Account 使用者帳戶**

由用來定義 Windows 使用者之所有資訊所組成的記錄。包括使用者登入時所需的使用者名稱及密碼、使用者帳戶隸屬為成員的群組，以及使用者使用電腦及網路並存取資源時所需的使用權限。

◆ **User Datagram Protocol (UDP)**

提供不保證傳遞封包及已傳遞封包之修正順序 (非常類似 IP) 的無連接資料流服務的 TCP 補碼。

◆ **User Name 使用者名稱**

一個唯一的名稱，可向 Windows 識別使用者帳戶。帳戶的使用者名稱在其網域或工作群組內的其他群組名稱及使用者名稱之間必須是唯一的。

◆ **User Password 使用者密碼**

存放在每個使用者帳戶中的密碼。每個使用者通常會有一個唯一的使用者密碼，而且在登入或存取伺服器時必須輸入此密碼。

◆ **User Profile 使用者設定檔**

內含特定使用者之設定資訊的檔案，這些資訊包括桌面設定、永久網路連線及應用程式設定。每個使用者的喜好都儲存在使用者設定檔中，由 Windows 用來設定每次使用者登入時的桌面。

◆ **V.34**

提供高達每秒 33,600 位元數 (bps) 的透過電話線通訊的資料傳輸標準。它可定義全雙工 (雙向) 調節計數,並且包括錯誤修正及交涉。

◆ **V.90**

提供每秒 56,000 位元數 (bps) 的透過電話線通訊的資料傳輸標準。

◆ **Virtual IP Address 虛擬 IP 位址**

[網路負載平衡] 叢集的主機之間共用的 IP 位址。[網路負載平衡] 叢集也可能會使用多重虛擬 IP 位址,例如在多重主目錄網頁伺服器的叢集中。

◆ **Virtual Local Area Network 虛擬區域網路 (VLAN)**

一些 LAN 上的主機邏輯群組,可讓主機間的通訊就像位於相同的 LAN 上一樣進行。

◆ **Virtual Private Network 虛擬私人網路 (VPN)**

私人網路的擴充,其中含有通過共用或公用網路的壓縮、加密及驗證連線。VPN 連線可透過網際網路提供遠端存取及路由連線到私人網路。

◆ **Voip (Voice Over Internet Protocol)**

在 LAN、WAN 或網際網路上使用 TCP/IP 封包傳送語音的方法。

◆ **Web Distributed Authoring And Versioning (Webdav)**

與 HTTP 1.1 有關的應用程式通訊協定,可讓用戶端直接在全球資訊網上發佈及管理資源。

◆ **Web Server 網頁伺服器**

由系統管理員或網際網路服務提供者 (ISP) 維護的電腦,以及回應使用者瀏覽器要求的電腦。

◆ **Well-Connected 良好連線**

足夠的連線能力,讓網路上的用戶端可以使用網路及 Active Directory。「良好連線」的精確含意,視您的特殊需求而定。

◆ **Wide Area Network (WAN) 廣域網路 (WAN)**

將不同地理區的電腦、印表機及其他裝置連接起來的通訊網路。WAN 可讓任何連接的裝置與網路上的任何其他裝置溝通。

◆ **Wildcard Character 萬用字元**

可以在執行查詢時代表一或多個字元的鍵盤字元。問號 (?) 代表單一字元,而星號 (*) 代表一或多個字元。

◆ **Windows Internet Name Service Windows 網際網路名稱服務 (WINS)**

一種軟體服務，可動態將 IP 位址對應到電腦名稱 (NetBIOS 名稱)。這可讓使用者依名稱存取資源，而不需要使用難以辨識及記憶的 IP 位址。WINS 伺服器可支援執行 Windows NT 4.0 及 Microsoft 作業系統較早版本的用戶端。

◆ **Winsock**

Windows Sockets。一種應用程式設計介面 (API) 的標準，適用於在 Windows 中提供 TCP/IP 介面的軟體。

◆ **Wireless Communication 無線通訊**

不需電纜就可在兩台電腦之間進行的通訊。部份 Windows 作業系統使用紅外線傳輸檔案，就是無線通訊的形式。行動電話及無線電話所使用的無線電頻率，則是另一種無線通訊的形式。

◆ **Workgroup 工作群組**

一個簡單的電腦群組，只幫助使用者尋找群組內的印表機及共用資料夾等項目。Windows 的工作群組不提供集中的使用者帳戶以及由網域提供的驗證。

◆ **World Wide Web 全球資訊網**

以超連結來探索網際網路的一種系統。使用網頁瀏覽器時，Web 就像是文字、圖形、聲音和數位電影的集合。

◆ **Zone 區域**

在 DNS 資料庫中，可由 DNS 伺服器管理之 DNS 資料庫的可管理單位。一個區域，用來儲存網域名稱及具有對應名稱的網域資料 (委派子網域中儲存的網域名稱除外)。

🎯 資料來源

1. 國立編譯館學術名詞資訊網 http://terms.nict.gov.tw/search_b.php

2. 維基百科 http://zh.wikipedia.org/zh-tw/Wikipedia:首頁

3. Microsoft MSDN 文件庫

   http://msdn.microsoft.com/zh-tw/library/default.aspx

4. Microsoft 詞彙資料庫網頁

   http://support.microsoft.com/gp/searchterm/zh-tw

電腦網路原理(第六版)
(含 ITS Networking 網路管理與應用
國際認證模擬試題)

作　　者：范文雄 / 吳進北
企劃編輯：石辰蓁
文字編輯：王雅雯
設計裝幀：張寶莉
發 行 人：廖文良

發 行 所：碁峰資訊股份有限公司
地　　址：台北市南港區三重路 66 號 7 樓之 6
電　　話：(02)2788-2408
傳　　真：(02)8192-4433
網　　站：www.gotop.com.tw
書　　號：AEN005700
版　　次：2022 年 08 月六版
建議售價：NT$360

國家圖書館出版品預行編目資料

電腦網路原理(含 ITS Networking 網路管理與應用國際認證模擬試
　題) / 范文雄, 吳進北著. -- 六版. -- 臺北市：碁峰資訊, 2022.08
　面； 公分
　ISBN 978-626-324-285-2(平裝)
　1.CST：電腦網路
312.16　　　　　　　　　　　　　　　　　　　　111012823